Quintino d'Annibale

Apprendere la FISICA - 2
Esercizi svolti e commentati

TERMODINAMICA

TERMOLOGIA – CALORIMETRIA - GAS IDEALI - CINETICA DEI GAS - CALORI SPECIFICI - PRINCIPI DELLA TERMODINAMICA - ENTROPIA – MACCHINE TERMICHE

Revisione testi: Laura d'Annibale

Novembre 2022

Quintino d'Annibale

Apprendere la FISICA -2
Esercizi svolti e commentati

ISBN 978-1-4475-0439-9

Prima edizione: Novembre 2022
Pubblicato by Lulu.com
lulu@email.lulu.com
www.lulu.com

Ringraziamenti

Un particolare ringraziamento va a tutti i miei ex alunni, che nel corso degli anni hanno accolto con entusiasmo il mio invito, collaborando con me e impegnandosi a sviluppare diversi esercizi, pubblicati sul sito www.fisicalst.it, alcuni dei quali sono stati riproposti all'interno di questa opera.

Immagine di copertina

Presa dal web, non è stato possibile rintracciare la provenienza; il proprietario che ritiene di non essere stato citato correttamente, è pregato di mettersi in contatto con l'autore qdannibale@alice.it.

a Maria, Martina, Laura

Sommario

Prefazione

Molti sono i testi che contengono al loro interno esercizi svolti di fisica, tuttavia ritengo che in molti casi si tenda a dare risalto solo alla soluzione dell'esercizio, con una mera applicazione delle relazioni fisico-matematiche, dando poco risalto all' impostazione o strategia utilizzate ed al commento dei passaggi svolti. Questo approccio può andar bene negli allegati ai libri di testo, che trattano in maniera approfondita la parte teorica e negli esercizi rimandano a relazioni tra le leggi già esposte nei vari capitoli.

Sicuramente questa metodologia, in una pubblicazione che contiene esercizi svolti, è valida per chi già conosce la materia, ma ritengo che non sia molto utile a chi la materia deve apprenderla anche attraverso l'esercizio.

Nella mia esperienza di docente ho sempre visto la soluzione dei problemi scientifici, di fisica e non solo, come termometro della conoscenza di quel determinato argomento, ma non come semplice applicazione di formule e principi, bensì come momento di riflessione, ragionamento ed apprendimento degli argomenti trattati; in tal senso ho sempre stimolato i miei alunni a fare di un semplice esercizio, un momento di autoverifica, con l'intento di descrivere e rendere comprensibile anche ad altri il perché di quelle scelte attuate e il perché di quella soluzione raggiunta. In altri termini il ragionamento che ha portato al tipo di strategia utilizzata per affrontare il problema, considerando il foglio su cui si scrive l'ipotetico interlocutore al quale spiegare le operazioni svolte. Quelle considerazioni che vengono annotate, garantiranno l'acquisizione di un linguaggio appropriato e la padronanza dell'argomento, utilizzabili nel completamento dell'apprendimento personale.

Quando un docente propone un esercizio da svolgere in classe, dovrebbe stimolare l'analisi del problema in base ai dati e alle richieste specifiche; suggerire tra le diverse possibili strategie utilizzabili, commentare i vari passaggi, compresi quelli puramente matematici. Tutto ciò affinché ogni esercizio sia indirizzato alla miglior comprensione dell'argomento a cui si rivolge.

In questo libro ho cercato di inserire tutto ciò che ho sottolineato in precedenza, proponendo una serie di esercizi notevoli divisi per i vari argomenti che forniscano una traccia da seguire su come poter affrontare un problema scientifico, traendone il maggior vantaggio. Una parte di questi sono stati raccolti dalle prove di verifica svolte in classe mentre altri sono stati prelevati dai libri di testo utilizzati maggiormente nei licei scientifici e dalle prove di ammissione all' università.

Introduzione alla fisica

La fisica

Da (Istituto Giovanni Treccani) Dizionario Treccani: *"fìsica s. f. [dal latino physīca, derivante dal greco φυσική, propr. femm. sostantivato dell'agg. lat. physĭcus, gr. φυσικός «fisico»]. – 1. Scienza rivolta a fornire una descrizione razionale di quelli tra i fenomeni naturali che sono suscettibili di sperimentazione e che implicano grandezze misurabili"*.

La fisica, è dunque la scienza che studia i fenomeni naturali, in particolare, tutti gli eventi che possono essere descritti e quantizzati attraverso grandezze opportunamente scelte, al fine di determinarne le correlazioni matematiche, leggi.

Lo studio della fisica spesso si fonda su modelli semplificati dei fenomeni. Come le altre discipline scientifiche, la chimica, la biologia, ecc., si basa sul metodo sperimentale, introdotto da Galileo Galilei, che prevede la riproducibilità dei fenomeni, attraverso esperimenti. Esso si basa su diversi fattori: osservazione del fenomeno, scelta delle grandezze da rilevare, misura delle stesse e ricerca della loro correlazione, in modo da definire un modello empirico che, se confermato anche da altri risultati, definisce la legge.

Lo sviluppo della fisica si deve allo studio e alla ricerca di grandi scienziati, da Galileo a Newton, per la meccanica classica, a J.C. Maxwell per l'elettromagnetismo, ad Einstein per la fisica moderna e a Fermi per la fisica nucleare.

TERMOMETRIA E CALORIMETRIA

CAPITOLO 1

TEMPERATURE E CALORE

- ➢ SCALE TERMOMETRICHE
- ➢ DILATAZIONE TERMICA
- ➢ CALORIMETRIA
- ➢ TRASMISSIONE DEL CALORE

1. TEMPERATURA E CALORE

1.1. Introduzione

Il capitolo presenta una serie di esercizi sulle scale termometriche, dilatazione termica e scambi di calore.

Analizza la ricerca delle grandezze: temperatura come stato termico dei corpi; fattori che influenzano la dilatazione dei corpi; le leggi della calorimetria con particolare attenzione agli scambi termici tra corpi.

1.2. Richiami e formule

Scale termometriche

*L'introduzione della temperatura ci consente di stabilire lo **stato termico** di un corpo o una sostanza, nonché in alcuni casi lo stato fisico (es. l'acqua).*

Generalizzando, possiamo dire che la temperatura è la <u>proprietà fisica</u> che ci consente di capire il verso del <u>trasferimento</u> di <u>energia termica</u> da un sistema ad un altro.

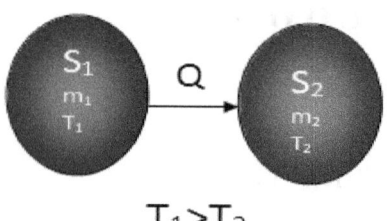

$$T_1 > T_2$$

Se tra due sistemi c'è differenza di temperatura, il calore (energia termica) tende a passare spontaneamente da quello a temperatura maggiore al sistema a temperatura minore, fino a raggiungere l'equilibrio termico, cioè la stessa temperatura.

Le scale termiche utilizzate sono la **Celsius o centigrada** in Europa, la **Fahrenheit** nei paesi anglosassoni e **Kelvin,** detta scala assoluta, utilizzata nel S.I..

Sia la scala centigrada, sia la Fahrenheit, prendono in esame lo stato fisico dell'acqua; nella centigrada il passaggio di stato solido liquido (fusione) del ghiaccio, viene assegnata allo 0 °C e l'ebollizione viene assegnata a 100 °C a livello del mare e il segmento viene suddiviso in 100 parti.

Nella scala Fahrenheit gli stessi punti sono contrassegnati dai valori 32 °F e 212 °F e il segmento viene diviso in 180 parti.

Per la scala assoluta Kelvin possiamo dire che 1 °C (grado celsius) equivale ad 1 kelvin, pertanto quest'ultima è solo traslata di 273,15 K. Il passaggio da °C a K è dato da:

$$T(K) = t(°C) + 273,15$$

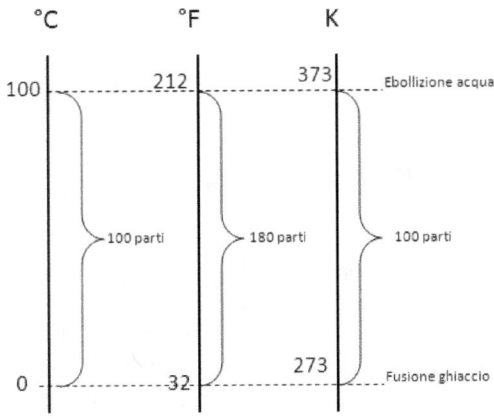

Figura 1

Passaggio da Celsius a Fahrenheit

Es: t=30°C

impostiamo la proporzione per determinare X, porzione di 180 parti del segmento (Figura 2):

$$\frac{30}{100} = \frac{X}{180}$$

$$X = \frac{180}{100}30 = \frac{9}{5}30$$

$$°F = X + 32 = \frac{9}{5}30 + 32 = 86°F$$

Generalizzando:

$$°F = \frac{9}{5}°C + 32$$

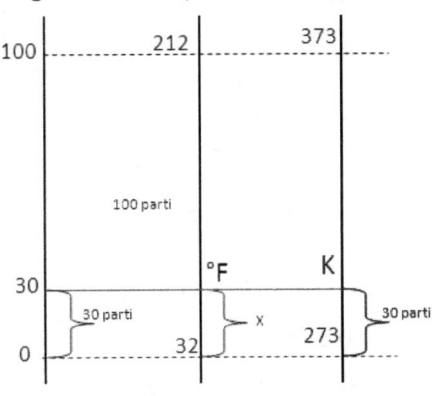

Figura 2

Con analogo ragionamento si trasforma da **Fahrenheit** a **Celsius**. Es: t=86°F

$$°C = \frac{5}{9}(°F - 32)$$

$$°C = \frac{5}{9}(86°F - 32) = 30°C$$

1.2.1. Dilatazione termica

Lineare

Si parla di dilatazione lineare quando una delle tre dimensioni è predominante sulle altre due (es. la lunghezza). Definite la lunghezza iniziale del corpo L_0, λ coefficiente di dilatazione lineare e ΔT la variazione di temperatura a cui è sottoposta il corpo, la relazione che fornisce il valore di dilatazione è data da:

Tabella 1

Coefficienti di dilatazione lineare	
Materiale	**λ(10⁻⁶ K⁻¹)**
Zinco	30,2
Piombo	28,9
Alluminio	23,1
Stagno	22,0
Argento	18,9
Rame	16,5
Cemento armato	14,0
Acciaio	13,0
Ferro	11,8
Vetro	90,0
Diamante	13,0

$$\Delta L = L_0 \lambda \Delta T \tag{1}$$

$$L - L_0 = L_0 \lambda \Delta T \quad \Longrightarrow \quad L = L_0(1 + \lambda \Delta T) \tag{2}$$

Superficiale

Si parla di dilatazione superficiale quando due delle tre dimensioni è predominante sulla terza (es. la lunghezza e larghezza). Indicando con S_0 la superficie inziale del corpo, con σ coefficiente di dilatazione superficiale (si potrà assumere $\sigma \approx 2\lambda$) e con ΔT la variazione di temperatura a cui è sottoposta il corpo, la relazione che fornisce il valore di dilatazione è data da:

$$\Delta S = S_0 \sigma \, \Delta T \tag{3}$$

$$S - S_0 = S_0 \sigma \, \Delta T \quad \Longrightarrow \quad S = S_0(1 + \sigma \, \Delta T) \tag{4}$$

Volumetrica

Si parla di dilatazione volumetrica quando nessuna delle grandezze dimensionali è predominante sulle altre. Indicando con V_0 il volume iniziale del corpo, con β il coefficiente di dilatazione superficiale (si potrà assumere $\beta \approx 3 \, \lambda$) e con ΔT la variazione di temperatura a cui è sottoposta il corpo, la relazione che fornisce il valore di dilatazione è data da:

$$\Delta V = V_0 \beta \, \Delta T \tag{5}$$

$$V - V_0 = V_0 \beta \Delta T \quad \Longrightarrow \quad V = V_0(1 + \beta \Delta T) \tag{6}$$

1.2.2. Calorimetria

Come già detto in precedenza, tra due corpi (**Figura 3**) avviene uno scambio di calore se tra loro c'è differenza di temperatura; questo scambio avviene secondo determinate grandezze fisiche. L'andamento delle temperature dei corpi riferite al tempo di scambio (rilevabili in laboratorio) può essere riportato nel grafico T-t (temperatura – tempo di **Figura 4Figura 4**).

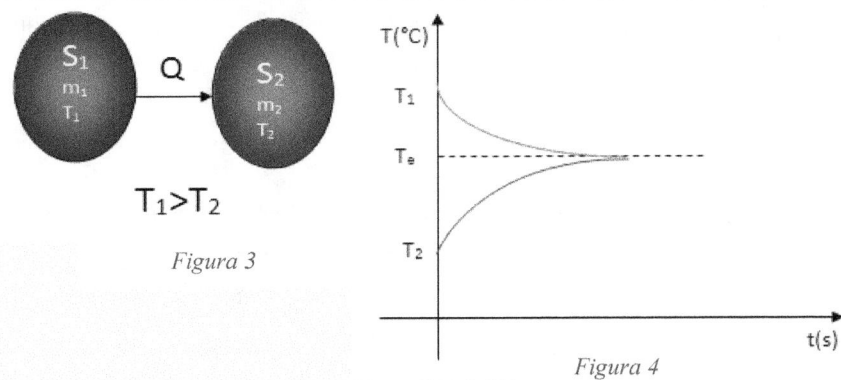

Figura 3

Figura 4

Legge generale della calorimetria

$$Q = C_s m \Delta T \tag{7}$$

Come si può vedere e dimostrare dalle esperienze di laboratorio lo scambio di calore che un corpo/sistema cede e/o assorbe, è proporzionale alla sua massa, alla sua variazione di temperatura e ad una costante (calore specifico) che dipende dalla natura del corpo/sistema C_S.

Unità di misura del calore nel sistema S.I. è il Joule, nel sistema MKS (tecnico) è la caloria o il suo multiplo *Kcal*, la cui definizione può essere la seguente:

> ***Caloria:*** *calore necessario a far variare la temperatura di un grammo di acqua a pressione atmosferica, da **14,5 °C** a **15,5 °C***

Equivalente meccanico del calore

Il calore è una forma di energia il cui equivalente meccanico è dato da:

$$1 \ cal = 4{,}186 \ J$$

Calore specifico

Ogni sostanza scambia calore a seconda della sua natura; per tener conto di ciò viene introdotto il calore specifico Cs, il cui valore viene determinato sperimentalmente e tabellato. Nell'acqua il Cs è uguale all'unità 1 $cal/(g°C)$ o anche 1 $Kcal/(kg°C)$.

Tabella 2-Calore specifico di alcuni materiali alla pressione di un'atmosfera

Sostanza	J/kg ·° C	cal/g ·° C
Alluminio	900	0.215
Berillio	1820	0,436
Cadmio	230	0,055
Rame	387	0,0924
Germanio	322	0,077
Vetro	837	0.200
Oro	129	0.0308
Ferro	448	0,107
Mercurio	138	0,033
Piombo	128	0,0305
Silicio	703	0.168
Argento	234	0,056
Acqua	4186	1.00
Ghiaccio	2090	0,500
Vapore	2010	0,480

Dalla legge della calorimetria (7) si può dedurre:

$$C_S = \frac{Q}{m\Delta T}$$

(8)

Nel <u>sistema internazionale</u> l'unità di misura del calore specifico è il $J/(kg\ K)$; nel sistema tecnico è $kcal/(kg°C)$. Per l'acqua il suo valore nel S.I. è 4186 $J/(kg\ K)$.

Se consideriamo la massa della sostanza uguale a 1 gr e la variazione di temperatura uguale ad 1 $°C$, la (8) diventa:

$$C_S = \frac{Q}{1g\ 1°C}$$

(9)

Dalla (9) si deduce la definizione di calore specifico, che può essere enunciata nel modo seguente:

*Il **calore specifico** di una sostanza è definito come la quantità di calore necessaria per innalzare (o diminuire) la **temperatura** di una unità di massa di 1 °C o di 1 K.*

Capacità termica

Riprendendo la (7) e ricavando il prodotto $C_S \cdot m$, si introduce una nuova grandezza termica, la **capacità termica**.

$$C_S m = \frac{Q}{\Delta T} = C$$

(10)

Il prodotto del calore specifico medio per la massa, considerando la variazione di temperatura di 1 °C ci porta a dare una definizione generale di questa grandezza:

*La **capacità termica** di un corpo è la quantità di calore necessaria a far variare la sua temperatura di 1°C.*

Scambio di calore

Determiniamo la temperatura di equilibrio *Te* tra due corpi che si scambiano calore fino a raggiungerla.

Con riferimento alla **Figura 3** e grafico di **Figura 4**, possiamo scrivere:

$$Q_1 + Q_2 = 0 \qquad (11)$$

In altri termini se non disperdiamo calore con altri corpi, il calore ceduto da 1 è uguale a quello assorbito da 2; inoltre ricordiamo che il calore ha segno positivo se assorbito e negativo se ceduto.

Quindi

$$-Q_1 + Q_2 = 0 \qquad (12)$$

Inoltre essendo:

$$Q_1 = C_{s1}m_1\Delta T_1 \qquad (13)$$

$$Q_2 = C_{s2}m_2\Delta T_2 \qquad (14)$$

$$\Delta T_1 = T_e - T_1 \qquad (15)$$

$$\Delta T_2 = T_e - T_2 \qquad (16)$$

Sostituendo nella (12):

$$C_{s1}m_1\Delta T_1 + C_{s2}m_2\Delta T_2 = 0 \qquad (17)$$

$$C_{s1}m_1(T_e - T_1) + C_{s2}m_2(T_e - T_2) = 0 \qquad (18)$$

$$C_{s1}m_1T_e - C_{s1}m_1T_1 + C_{s2}m_2T_e - C_{s2}m_2T_2 = 0 \qquad (19)$$

Raccogliendo a fattor comune *Te*

$$T_e(C_{s1}m_1 + C_{s2}m_2) = C_{s1}m_1T_1 + C_{s2}m_2T_2 \qquad (20)$$

$$T_e = \frac{C_{s1}m_1T_1 + C_{s2}m_2T_2}{(C_{s1}m_1 + C_{s2}m_2)} \qquad (21)$$

1.2.3. Trasmissione del calore

La trasmissione di calore tra un sistema e l'ambiente in cui si trova può avvenire in modi diversi: conduzione, convenzione e irraggiamento.

Conduzione: _il calore viene scambiato senza trasferimento di materia ed è il risultato dell'interazione tra gli atomi vicini._

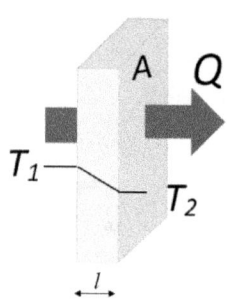

Se indichiamo con k la conducibilità termica del corpo, la cui unità di misura nel S.I. è _W/(m·K)_, con A la sua area disperdente, con d il suo spessore e con t il tempo di trasmissione, il calore scambiato per conduzione nel tempo t è dato dall'equazione di Fourier in regime stazionario:

$$Q = kA \left(\frac{T_1 - T_2}{l} \right) t$$

(22)

Figura 5

In ingegneria, ai fini della coibentazione di case è più interessante parlare di cattivi conduttori di calore che non di quelli buoni, quindi, viene introdotta la grandezza **Resistenza termica R**, che per uno strato di spessore l e conducibilità k sarà data da:

$$R = \frac{l}{k}$$

(23)

Si osserva che per materiali con valori di conducibilità bassa si ha un'alta resistenza termica, caratteristica di buoni isolanti termici (_unità di misura di R nel S.I. Km²/W_).

Combinando la (22) e la (23) si potrà definire la _potenza termica_, cioè il calore trasmesso attraversa una lastra di spessore definito nell'unità di tempo, nota la sua area e la differenza di temperatura tra le superfici.

$$P_t = A \frac{T_1 - T_2}{R}$$

(24)

Tabella 3-Alcuni valori di conducibilità termica

Sostanza a 298 K (25°C)	Conducibilità termica K[W/(m·K)]
Rame	395
Oro	291
Alluminio	217
Acciaio 1,0 % di C	61
Acciaio 0,5 % di C	54
Acciaio 1,5% di C	36
Piombo	35
Acciaio	22
Cemento	1,3
Vetro	0,84
Acqua	0,6
Legno	0,1
Lana di vetro	0,048
Lana di roccia	0,043
Aria (secca)	0,026

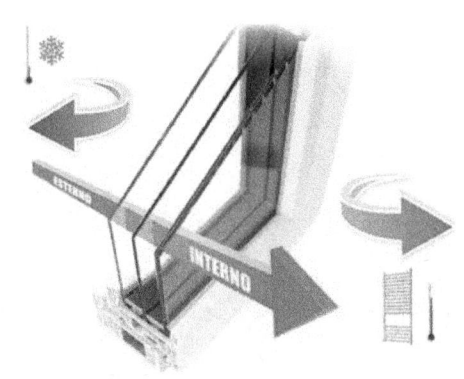

Figura 6

È facilmente dimostrabile che nel caso vi siano delle superfici composte con materiali diversi, ad esempio **Figura 6**, con temperature esterne T_1 e T_2, la potenza dissipata sarà data dalla relazione:

$$P_t = \frac{A(T_1 - T_2)}{\sum R} \tag{25}$$

L'andamento della temperatura all'interno del singolo strato decresce e può essere rappresentato come in **Figura 7**. È possibile ricavarne l'equazione integrando la legge di Fourier.

$$\frac{q}{t} = -kA\frac{dT}{dx} \tag{25.1}$$

Tenendo conto che la potenza trasmessa da singoli strati è sempre uguale, ne deriva che:

$$P_1 = P_2 = P_3 = P_n = P \tag{25.2}$$

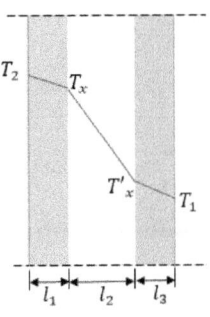

Figura 7

La (25.1) applicata al primo strato possiamo scriverla come:

19

$$Pdx = -k_1 AdT \qquad (25.3)$$

Integrando la 25.3

$$\int_0^{l_1} Pdx = -\int_{T_2}^{T_x} k_1 AdT \qquad (25.4)$$

$$Pl_1 = -k_1 A(T_x - T_2) \qquad (25.5)$$

Risolvendo rispetto a T_x si ha:

$$T_x = T_2 - \frac{Pl_1}{k_1 A} \qquad (25.6)$$

Analogamente per gli strati 2 e 3, sostituendo le temperature iniziali e finali dello strato, per cui la temperatura finale T_1 è data da:

$$T_1 = T'_x - \frac{Pl_3}{k_3 A} = T_x - \frac{Pl_2}{k_2 A} - \frac{Pl_3}{k_3 A} = T_2 - \frac{Pl_1}{k_1 A} - \frac{Pl_2}{k_2 A} - \frac{Pl_3}{k_3 A} \qquad (25.7)$$

Ricordando che $l/k = R$ la (25.7) diventa:

$$T_1 = T_2 - \frac{PR_1}{A} - \frac{PR_2}{A} - \frac{PR_3}{A} = T_2 - \frac{P}{A}(R_1 + R_2 + R_3) \qquad (25.8)$$

Risolvendo rispetto a P otteniamo:

$$P = \frac{A(T_2 - T_1)}{(R_1 + R_2 + R_3)} = \frac{A(T_2 - T_1)}{\sum R} \qquad (25.9)$$

Convenzione: *avviene quando uno dei corpi interessati dallo scambio termico è un fluido ed è associato a un movimento di materia. In un fluido con zone a diversa temperatura, le particelle per effetto combinato di campo di temperatura e velocità, subiscono variazioni di densità da punto a punto, dovuti alla dilatazione termica. In tali casi, queste particelle essendo meno dense del fluido circostante, più freddo, per effetto della spinta archimedea salgono, mentre quelle più fredde scendono prendendo il loro posto; si genera così una circolazione convettiva, questo favorisce la trasmissione di calore da quelle più calde a quelle più fredde. Analogo fenomeno si ha nell'atmosfera, l'aria riscaldata dalla terra va verso l'alto determinando vortici convettivi che influenzano i fattori climatici globali.*

Irraggiamento: è dovuto alla radiazione elettromagnetica come la luce, i raggi
solari ecc.

La potenza irradiata da un corpo con superficie A alla temperatura T (in kelvin) è
data dalla **legge di Stefan-Boltzmann**:

$$P_i = \sigma \varepsilon A T^4 \qquad (26)$$

Dove ε è l'emittanza e σ è la costante di Stefan-Boltzmann che vale $5{,}67 \cdot 10^{-8}$
$W/(m^2 \cdot K^4)$.

Un corpo immerso in un ambiente assorbe energia radiante con una potenza Pa
data dalla relazione:

$$P_a = \sigma \varepsilon A T^4{}_{amb} \qquad (26.1)$$

(supposto che la temperatura dell'ambiente T_{amb} in kelvin sia uniforme).

Per irraggiamento, un corpo immerso in un ambiente assorbe e cede energia e i
due fenomeni avvengono contemporaneamente. È possibile pertanto determinare
la **potenza netta** scambiata per irraggiamento, la quale risulta:

$$P_a = \sigma \varepsilon A (T^4{}_{amb} - T^4) \qquad (26.2)$$

1.2.4. Potere calorifico

La produzione di calore avviene da diverse fonti quali il sole, il fuoco, il fornello
elettrico ecc.

Noi ci occuperemo di combustibili, sostanze che insieme all'ossigeno producono
reazioni chimiche (combustione) accompagnate da sviluppo di calore.

I combustibili sono sia in forma solida (legna, carbone), sia liquida (alcol, benzina,
ecc.), sia gassosa (GPL, metano, ecc.).

Ogni tipo di combustibile ha una caratteristica chiamata ***potere calorifico (Pc)***,
definito come:

> *La quantità di calore che un chilogrammo di combustibile produce*
> *bruciando integralmente.*

Unità di misura nel sistema tecnico MKS è *Kcal/kg* e nel S.I. *J/kg*.

Esso è determinato sperimentalmente e tabellato (*Tabella* 4). La quantità di
calore prodotta è data dalla relazione:

$$Q = P_c m \qquad (27)$$

21

Tabella 4- Potere calorifico di alcune sostanze

Combustibili	U.M.	Densità	Potere calorifico inf				
		kg/U.M.	kcal/U.M.	kWh/U.M.	kWh/kg	Kep/U.M.	MJ/U.M.
O.C. fluido B.T.Z.	kg	1	9 800	11,40	11,40	0.98	41,02
Gasolio	litro	0.835	8 500	9.88	11.84	0.85	35.58
GPL	litro	0.52	5 720	6.65	12.79	0.57	23.94
GPL	kg	1	11 000	12.79	12.79	1.10	46.05
GPL	m³	1.92	21 120	24.56	12.79	2.11	88.41
Metano	m³	0.679	8 250	9.59	14.13	0.83	34.53
Legna da ardere	kg	1	3 700	4.30	4.30	0.37	15.49
Cippato	kg	1	2 500	2.91	2.91	0.25	10.47
Pellet	kg	1	4 500	5.23	5.23	0.45	18.84
kWh elettrico			860	1.00		0.09	3.60

Es. bruciando 20 *kg* di metano (*Pc*= 13200 *Kcal/kg*) si produce una quantità di calore pari a:

$$Q = 13200 \frac{kcal}{kg} 20kg = 264000 \; kcal \tag{28}$$

se consideriamo una caldaia da abitazione con potenza 30000 *kcal/h,* per produrre tale quantità deve funzionare per circa 9*h*

$$t = \frac{264000 \; kcal}{30000 \; \frac{kcal}{h}} \cong 8,8h \tag{29}$$

1.3. Esercizi

Dilatazione termica

1. In seguito ad un incremento di temperatura di 32° C, la barra con frattura al centro (vedi figura) si piega verso l'alto. Se la L_0 =3,77 m e il coefficiente di dilatazione lineare λ=25·10-6 °C-1, trovare X.
(Halliday, et al., Rist. 2012)

Strategia-soluzione

Il problema si può affrontare partendo dalla soluzione del triangolo rettangolo di Figura 8 che ha come base $L_0/2$, altezza X e ipotenusa $L=L_0/2+\Delta L$.

X sarà determinata applicando Pitagora

dall'equazione:

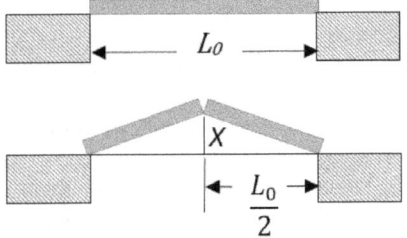

Figura 8

$$X = \sqrt{L^2 - \left(\frac{L_0}{2}\right)^2} \qquad (1)$$

$$X = \sqrt{\left(\frac{L_0}{2} + \Delta L\right)^2 - \left(\frac{L_0}{2}\right)^2} \qquad (2)$$

Per risolvere la (2) occorre prima determinare la variazione di lunghezza ΔL subita dalla barra in seguito all'aumento di temperatura, applicando la legge degli allungamenti lineari (formula (1) punto 1.2.1).

$$\Delta L = \lambda \cdot \frac{L_0}{2} \cdot \Delta T \qquad (3)$$

$$\Delta L = 25 \cdot 10^{-6}\,°C^{-1} \cdot \frac{3,77}{2}\,m \cdot 32°C = 1,5 \cdot 10^{-3}\,m \qquad (4)$$

Sostituendo nella (2) si ha:

$$X = \sqrt{\left(\frac{3,77}{2} + 1,5 \cdot 10^{-3}\right)^2 - \left(\frac{3,77}{2}\right)^2} = 0,075m \cong 7,5cm \qquad (5)$$

2. Un anello di rame di 20,0g alla temperatura di 0,0°C ha un diametro di 1,000 *cm*, una sfera di alluminio alla temperatura di 100°C ha un diametro di 1,002*cm*. La sfera viene posta sull'anello, e ai due oggetti si fa raggiungere l'equilibrio termico, senza alcuna perdita di calore verso l'ambiente. Alla temperatura di equilibrio la sfera passa esattamente attraverso l'anello. Qual è la massa della sfera?

(Halliday, et al., Rist. 2012)

Strategia-soluzione

Quando i due oggetti vengono a contatto considerato che non c'è dispersione di calore verso l'esterno, si scambiano una quantità di calore Q e tutto il calore ceduto dal corpo a temperatura più alta (la sfera) -Q_s sarà uguale al calore assorbito dal corpo a temperatura più bassa (l'anello) Q_a. Queste quantità di calore sono calcolabili mediante la legge generale della calorimetria:

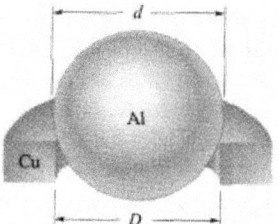

Figura 9

$$Q = C_s m \Delta T \qquad (1)$$

dove C_s è il calore specifico del corpo o meglio del materiale, m la sua massa e ΔT la sua variazione di temperatura, espressa indifferentemente in gradi centigradi o kelvin pari a $\Delta T = T_f - T_i$, ossia alla differenza tra la temperatura finale, in tal caso la temperatura di equilibrio T_e e la temperatura iniziale di ciascuno dei due corpi. Possiamo quindi scrivere

$$-Q_s = Q_a \qquad (2)$$

$$-C_{ss} m_s \Delta T_s = C_{sa} m_a \Delta T_a \qquad (3)$$

$$-C_{ss} m_s (T_e - T_s) = C_{sa} m_a (T_e - T_a) \qquad (4)$$

Occorre ora considerare l'altro fenomeno che avviene dopo che i due corpi hanno scambiato calore: il corpo più caldo (la sfera) si sarà raffreddato subendo una contrazione, mentre il corpo più freddo (l'anello) avrà subito una dilatazione termica. Dopo questi due fenomeni le lunghezze considerate, i diametri di sfera e anello, hanno raggiunto lo stesso valore finale. Applicando la legge della dilatazione lineare dei corpi

$$L_f = L_0 + L_0 \lambda \Delta T \qquad (5)$$

ai due oggetti si ha:

$$L_{fs} = L_{fa} \qquad (6)$$

$$L_{0s} + L_{0s} \lambda_s \Delta T_s = L_{0a} + L_{0a} \lambda_a \Delta T_a \qquad (7)$$

$$L_{0s} + L_{0s} \lambda_s (T_e - T_s) = L_{0a} + L_{0a} \lambda_a (T_e - T_a) \qquad (8)$$

Ovviamente la sfera subirà una contrazione, confermata dal valore negativo della sua variazione di temperatura nella legge della dilatazione; l'anello al contrario si dilaterà.

In tal modo abbiamo due equazioni, la (4) e la (8), per due incognite, la temperatura d'equilibrio T_e e la massa della sfera m_s, combinando queste due equazioni ed esplicitando T_e nella (8) si ha:

$$L_{0s} + L_{0s} \lambda_s T_e - L_{0s} \lambda_s T_s = L_{0a} + L_{0a} \lambda_a T_e - L_{0a} \lambda_a T_a \qquad (9)$$

$$T_e (L_{0s} \lambda_s - L_{0a} \lambda_a) = L_{0a} - L_{0s} + L_{0s} \lambda_s T_s - L_{0a} \lambda_a T_a \qquad (10)$$

$$T_e = \frac{L_{0a} - L_{0s} + L_{0s} \lambda_s T_s - L_{0a} \lambda_a T_a}{L_{0s} \lambda_s - L_{0a} \lambda_a} \qquad (11)$$

Risolvendo la (4) rispetto a m_s:

$$m_s = \frac{-C_{sa} m_a (T_e - T_a)}{C_{ss}(T_e - T_s)} \qquad (12)$$

Sostituendo nella (12) la temperatura di equilibrio data dalla (11) si ha:

$$m_s = \frac{-C_{sa} m_a \left(\dfrac{L_{0a} - L_{0s} + L_{0s} \lambda_s T_s - L_{0a} \lambda_a T_a}{L_{0s} \lambda_s - L_{0a} \lambda_a} - T_a \right)}{C_{ss} \left(\dfrac{L_{0a} - L_{0s} + L_{0s} \lambda_s T_s - L_{0a} \lambda_a T_a}{L_{0s} \lambda_s - L_{0a} \lambda_a} - T_s \right)} \qquad (13)$$

$$m_s = \frac{-C_{sa} m_a (L_{0a} - L_{0s} + L_{0s} \lambda_s T_s - L_{0s} \lambda_s T_a)}{C_{ss}(L_{0a} - L_{0s} - L_{0a} \lambda_a T_a - L_{0a} \lambda_a T_s)} \qquad (14)$$

Sostituendo i valori noti dei due materiali

$$\lambda_s = 23 \cdot 10^{-6} \ (°C)^{-1}, \ C_{ss} = 900 \frac{J}{kg},$$

$$\lambda_a = 17 \cdot 10^{-6} \ (°C)^{-1}, \ C_{sa} = 386 \frac{J}{kg}$$

(15)

nella (14) si trova il valore della massa cercata:

$$m_s = 8,709 \cdot 10^{-3} \, Kg$$

che è la soluzione del problema.

3. Due barre di metalli differenti sono unite come mostrato nella seguente figura. Dimostra che la distanza D non varia con la temperatura se le lunghezze delle due

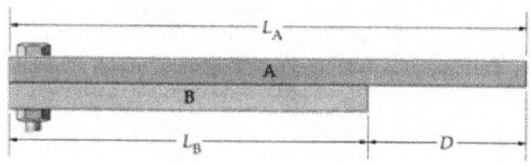

Figura 10

barre hanno il seguente rapporto: $L_A/L_B = \lambda_B / \lambda_A$[1].
(Walker, 2010 V.2, p. 514)

Strategia-soluzione

Le due barre soggette ad una variazione di temperatura varieranno la loro lunghezza; il problema richiede la dimostrazione del fatto che se il rapporto tra le lunghezze è uguale a quello inverso tra i coefficienti di dilatazione, la differenza di lunghezza finale non dipende dalla temperatura e rimane uguale a D. È chiaro che entrambe le barre rispondono alla legge della deformazione lineare, quindi si applicherà ad entrambe tale legge tenendo conto che tra le due lunghezze finali, dovute alla variazione di temperatura, rimane una differenza pari a D.

Indicando con L_A e L_B le lunghezze iniziali delle due barre e, con ΔL_A e ΔL_B le variazioni di lunghezza subite, dovrà risultare che

---

[1] Rispetto al problema originale sul Walker, si sono indicati i coefficienti di dilatazione con λ anziché σ, per coerenza con i richiami del capitolo.

$$(L_A + \Delta L_A) - (L_B + \Delta L_B) = D \tag{1}$$

$$\cancel{L_A} + \Delta L_A - \cancel{L_B} - \Delta L_B = D = \cancel{L_A} - \cancel{L_B} \tag{2}$$

semplificando si ha:

$$\Delta L_A = \Delta L_B \tag{3}$$

Applicando la legge della dilatazione lineare ad entrambe si ha:

$$L_A \lambda_A \cancel{\Delta T} = L_B \lambda_B \cancel{\Delta T} \tag{4}$$

da cui risulta:

$$\frac{L_A}{L_B} = \frac{\lambda_B}{\lambda_A} \quad (c.\,d.\,d.) \tag{5}$$

Nota: affinché sia verificata la (5), la barra A essendo più lunga di B, dovrà avere un coefficiente di dilatazione più piccolo di B.

---

4. Un buco in un piatto di alluminio ha un diametro di 1,178 *cm* a 23°C.
   a) Qual è il diametro del buco a 199,0 °C?
   b) A quale temperatura il diametro sarà uguale a 1,176 *cm*?

(**Dati**: $\sigma = 2 \cdot \lambda = 2 \cdot 24 \cdot 10^{-6} \ K^{-1} = 48 \cdot 10^{-6} \ K^{-1}$; $T_i = 23°C = 296K$; $T_f = 199°C = 472K$)

Strategia-soluzione

Una variazione di temperatura genera una variazione di superficie del piatto e quindi anche del foro come in Figura 11; la variazione può essere studiata anche limitatamente alla superficie del foro come se fosse piena. Infatti se il piatto fosse integro (senza foro) un'ipotetica superficie circolare individuata su di esso, nella posizione del foro, subirebbe analoga variazione di superficie. A tale scopo per rispondere ai due quesiti, si applicherà la legge della dilatazione superficiale (formula (3) punto 1.2.1) ad una superficie circolare S con diametro uguale al foro.

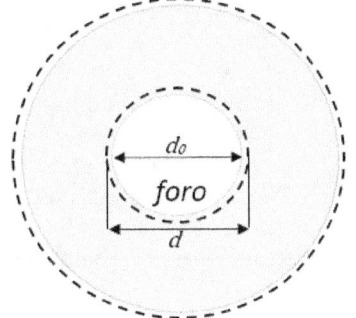

Figura 11

a) Applichiamo la legge di dilatazione superficiale

$$\Delta S = S_0 \sigma \, \Delta T \tag{1}$$

27

$$S = S_0(1 + \sigma \, \Delta T) \tag{2}$$

esplicitando l'area S della circonferenza in funzione del diametro si ha:

$$\frac{\pi d^2}{4} = \frac{\pi d_0^2}{4}\left[1 + \sigma(T_f - T_0)\right] \tag{3}$$

semplificando si ottiene:

$$d = d_0\sqrt{1 + \sigma(T_f - T_0)} =$$

$$= 1{,}178cm\sqrt{48 \cdot 10^{-6}K^{-1}(472 - 296)K} \cong 1{,}183cm \tag{4}$$

b) Per rispondere al quesito, essendo già noti il diametro finale e la temperatura iniziale, si utilizzerà la (3) semplificata:

$$d^2 = d_0^2\left[1 + \sigma(T_f - T_0)\right] \tag{5}$$

$$d^2 = d_0^2 + d_0^2\sigma(T_f - T_0) \tag{6}$$

Risolvendo rispetto alla variazione di temperatura si ha:

$$T_f - T_0 = \frac{d^2}{d_0^2\sigma} - \frac{1}{\sigma} \tag{7}$$

$$T_f = T_0 + \left(\frac{d^2}{d_0^2} - 1\right)\frac{1}{\sigma} =$$

$$= 296K + \left[\frac{(1{,}176 \ cm)^2}{(1{,}178 \ cm)^2} - 1\right]\frac{1}{48 \cdot 10^{-6}K^{-1}} \cong 225K = -48°C \tag{8}$$

5. Una pentola di alluminio (coeff.dilat.lineare $\lambda = 2{,}4 \cdot 10^{-5}K^{-1}$) della capacità di un litro, viene riempita di olio d'oliva (coeff.dilat.volum $\beta_{olio} = 0{,}68 \cdot 10^{-3}K^{-1}$) fino al bordo; il tutto viene riscaldato da una temperatura di 15°C a 190 °C. Determinare se dopo il riscaldamento:

a) l'olio trabocca dalla pentola;

b) in caso affermativo quanto ne trabocca.

Strategia-soluzione

Il problema si può affrontare con le leggi della dilatazione termica. Dopo il riscaldamento si dilatano sia il contenitore sia il contenuto; occorrerà controllare se la dilatazione volumetrica dell'olio è maggiore, uguale o minore di quella del contenitore. Quindi si procederà al calcolo e al confronto delle due dilatazioni, ricordando che il coeff. dilatazione volumetrica β≈3λ e che la variazione di temperatura in $°C$ e K è uguale.

$$\Delta T = (190 - 15)°C = 175°C = 175K \tag{1}$$

Volume del contenitore/contenuto

$$V_0 = 1lt = 1000cm^3 = 1 \cdot 10^3 \ cm^3 \tag{2}$$

a) calcolo delle variazioni di volume tramite la (5) del punto 1.2.1:

$$\Delta V = V_0 \beta \ \Delta T \tag{3}$$

Calcolo della variazione del volume dell'olio

$$\Delta V_{olio} = \beta_{olio} \cdot V_0 \cdot \Delta T = 0{,}68 \cdot 10^{-3} K^{-1} \cdot 1 \cdot 10^3 \ cm^3 \cdot 175K = 119 \ cm^3 \tag{4}$$

Calcolo della variazione del volume del contenitore

$$\Delta V_{pent} = \beta_c \cdot V_0 \cdot \Delta T = 3 \cdot 2{,}4 \cdot 10^{-5} K^{-1} \cdot 1 \cdot 10^3 \ cm^3 \cdot 175K = 12{,}6 \ cm^3 \tag{5}$$

Come si osserva l'olio si dilata maggiormente, quindi traboccherà dal contenitore.
b) Determiniamo la quantità di olio che trabocca dalla pentola

$$\Delta V_t = \Delta V_{olio} - \Delta V_{pent} = (119 - 12{,}6)cm^3 = 106{,}4 \ cm^3 \cong 0{,}11 \ lt \tag{6}$$

Calorimetria

6. Di un corpo di massa 0,98 *kg* si sa che scambia una quantità di calore pari a 9,67 *kJ*. Di quanto è variata la temperatura se il calore specifico è 0.108 *kcal/(kg K)*?

Strategia-soluzione

Il problema si risolve applicando la legge della calorimetria formula (7) punto 1.2.2

$$Q = C_s m \Delta t \qquad (1)$$

da cui ricaviamo la variazione richiesta

$$\Delta t = \frac{Q}{C_s m} = \frac{2,31 \; kcal}{0,108 \frac{kcal}{kg°C} 0,98 kg} = 21,8°C$$

7. Correndo su un tapis rouland per 1,5 minuti, hai bruciato 2,5 *kcal*. Quale potenza hai sviluppato?
(Walker, 2010 V.2, p. 511)

Strategia-soluzione

La richiesta che il problema fa è la potenza sviluppata; ora il concetto di potenza è dato dal rapporto tra il lavoro eseguito e il tempo impiegato a farlo. Dai dati del problema abbiamo entrambe le grandezze, infatti il calore bruciato equivale al lavoro fatto.

Ci serviamo della relazione sulla potenza

$$P = \frac{L}{t} \qquad (1)$$

Trasformiamo le grandezze al S.I.

$$t = 1,5 min \cdot 60 \frac{s}{min} = 90 \; s \; ; \quad L = 2,5 \; kcal \cdot 4186 \frac{J}{kcal} = 10465 \, J \qquad (2)$$

Sostituendo nella (1) si ha:

$$P = \frac{10465 \, J}{90 s} \cong 116,3 \; w \cong 0,12 \; kw \qquad (3)$$

8. [2]Il mulinello ideale di Joule viene attivato da due pesi di massa 0,950kg ciascuno, i quali partendo da fermo toccano terra dopo aver percorso una distanza verticale di 1,20 m. Essendo la massa d'acqua nel mulinello di 1,481 kg, determinare la variazione di temperatura che l'acqua subisce.

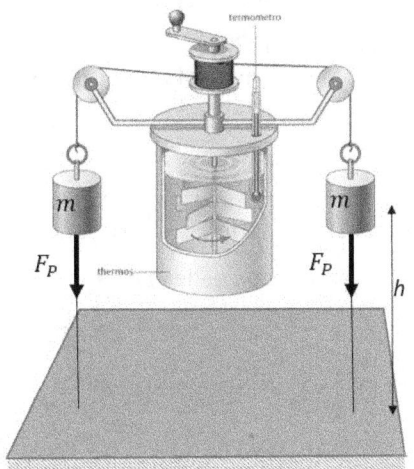

Strategia-soluzione

Il problema affronta l'esperienza del mulinello di Joule, in cui, si ha la trasformazione del lavoro meccanico, eseguito dai pesi, in calore che riscalderà l'acqua contenuta nel mulinello, come il problema evidenzia in un caso ideale. Nel citato mulinello ideale si considereranno la massa del contenitore e il suo apparato trascurabili, per cui l'energia prodotta verrà assorbita totalmente dall'acqua. Per risolvere il problema si potrà ricorrere all'equazione del lavoro fatto dai pesi per arrivare a terra ed eguagliandolo al calore ceduto all'acqua dal mulinello.

Figura 12

Determiniamo il lavoro fatto dalla forza peso dei singoli pesi:

$$L = 2 \cdot F_p \cdot h = 2 \cdot m_p \cdot g \cdot h \qquad (1)$$

Il calore scambiato si ricava utilizzando la legge generale della calorimetria:

$$Q = C_s \cdot m_A \cdot \Delta T \qquad (2)$$

Eguagliando la (1) e la (2)

$$C_s \cdot m_A \cdot \Delta T = 2 \cdot m_p \cdot g \cdot h \qquad (3)$$

e risolvendo rispetto a ΔT si ha:

$$\Delta T = \frac{2 \cdot m_p \cdot g \cdot h}{C_s \cdot m_A} = \frac{2 \cdot 0,95 \ kg \cdot 9,8 \frac{N}{kg} \cdot 1,20m}{4186 \frac{J}{kg \cdot K} \cdot 1,481kg} \cong 3,60 \cdot 10^{-3} \text{K} \qquad (4)$$

---

[2] Esercizio ispirato al n. 24 di Corso di FISICA (Walker, 2010 V.2, p. 511)

9. Se vengono forniti 2200 J di calore ad un oggetto di 190 g, la sua temperatura aumenta di 12 °C, determinare:
- **a)** qual è la capacità termica dell'oggetto;
- **b)** qual è il suo calore specifico.

Strategia-soluzione

Il problema richiama due grandezze come la capacità termica e il calore specifico, trattate nel punto 1.2.2

$$C = \frac{Q}{\Delta T} \qquad C_s = \frac{Q}{m\Delta T} \qquad (1)$$

Noti i dati del problema, trasformati al S.I. (Δt=12°C=12K, m=190g =1,9kg), basta applicare le (1) per rispondere ai due quesiti.

a) Dalla prima delle (1)

$$C = \frac{Q}{\Delta T} = \frac{2200\,J}{12K} \cong 0,18\frac{kJ}{K} \qquad (2)$$

b) Combinando la prima con la seconda delle (1) si ha:

$$C_s = \frac{C}{m} = \frac{0,18kJ}{0,19kg} \cong 0,96\frac{kJ}{kgK}$$

10. Una teiera elettrica in alluminio ha una massa di 500g e una resistenza elettrica di 500w. Per quanto tempo deve essere riscaldato 1,0 kg d'acqua per passare da 18°C a 98 °C (Cs dell'alluminio =900 $j/(kg \cdot K)$?

Strategia-soluzione

Dalla relazione tra energia fornita e potenza si determina il tempo di funzionamento richiesto:

$$P = \frac{L}{t} \qquad \Rightarrow \qquad t = \frac{L}{P} \qquad (1)$$

Occorre determinare il lavoro/energia da fornire sia alla teiera che all'acqua in quanto subiscono la stessa variazione di temperatura. Utilizzando la legge generale della calorimetria e assegnando gli indici 1 all'alluminio e 2 all'acqua si ha:

$$L = Q_{tot} = Q_1 + Q_2 = C_{s1}m_1\Delta t + C_{s2}m_2\Delta t = (C_{s1}m_1 + C_{s2}m_2)\Delta t =$$

$$= \left[900\frac{j}{kg \cdot K}0,5kg + 4186\frac{j}{kg \cdot K}1,0kg\right](98-18)K = 370880j \qquad (2)$$

$$t = \frac{L}{P} = \frac{370880j}{500w} = 741,76s \cong 12' \qquad (3)$$

11. Vengono versati 550 g di acqua a 32,0 $°C$ in un contenitore di alluminio a temperatura 15 $°C$ e la cui massa è 250 g. Determinare la temperatura di equilibrio del sistema e il calore ceduto dall'acqua nell'ipotesi che il 10% di esso venga disperso nell'ambiente.

Strategia-soluzione

Il problema propone uno scambio di calore tra l'acqua e il contenitore, tenuto conto della dispersione nell'ambiente. Si potrà determinare la temperatura di equilibrio cercata, attraverso un bilancio termico, utilizzando la legge generale della calorimetria. Assegnando gli indici 2 all'alluminio e 1 all'acqua, nonché tenendo conto delle convenzioni nei segni per il calore ceduto/assorbito, il calore che il contenitore assorbe è uguale a quello iniziale dell'acqua versata, detratto della dispersione del 10% nell'ambiente.

Il bilancio termico è dato dalla seguente relazione:

$$-(Q_1 - 10\%Q_1) = Q_2 \tag{1}$$

$$-Q_1(1 - 0,1) = Q_2 \qquad \Rightarrow \quad -0,9Q_1 = Q_2 \tag{2}$$

$$-0,9\,C_{s1}m_1(t_e - t_1) = C_{s2}m_2(t_e - t_2) \tag{3}$$

$$-0,9\,C_{s1}m_1t_e + 0,9\,C_{s1}m_1t_1 = C_{s2}m_2t_e - C_{s2}m_2t_2 \tag{4}$$

$$-0,9\,C_{s1}m_1t_e - C_{s2}m_2t_e = -C_{s2}m_2t_2 - 0,9\,C_{s1}m_1t_1 \tag{5}$$

Ricavando rispetto a t_e si ha:

$$t_e = \frac{C_{s2}m_2t_2 + 0,9\,C_{s1}m_1t_1}{0,9\,C_{s1}m_1 + C_{s2}m_2} =$$

$$= \frac{900\,\frac{j}{kg\cdot°C}\,0,25kg \cdot 15°C + 4186\,\frac{j}{kg\cdot°C}\,0,55kg \cdot 32°C}{900\,\frac{j}{kg\cdot°C}\,0,25kg + 4186\,\frac{j}{kg\cdot°C}\,0,55kg} = 30,335°C \tag{6}$$

Il calore ceduto dall'acqua è dato da:

$$Q_1 = \frac{Q_2}{0,9} = \frac{C_{s2}m_2(t_e - t_2)}{0,9} = \tag{7}$$

$$= \frac{900 \frac{j}{kg \cdot °C} \, 0,25kg \cdot (30,335 - 15)°C}{0,9} \cong 3834j^3 \qquad (7')$$

Il calore disperso nell'ambiente è

$$Q_d = 10\% \cdot Q_1 = 0,1 \cdot 3834j = 383,4j^4 \qquad (8)$$

12. Supponi di poter convertire le 525 *kcal* assunte con il cheese-burger che hai mangiato a pranzo in energia meccanica con efficienza del 100%.

    a) Quanto in alto saresti in grado di lanciare una palla da baseball di 0,145 *kg* utilizzando l'energia contenuta nel cheese-burger?

    b) A quale velocità si muoverebbe la palla al momento del lancio?
(Walker, 2010 V.2, p. 514)

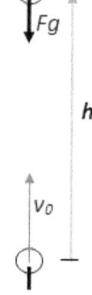

Strategia-soluzione

È possibile affrontare il problema ricorrendo al principio di conservazione dell'energia meccanica. Per il quesito **a)** si possono considerare le calorie assunte dal cheese-burger come energia da convertire in potenziale gravitazionale per arrivare al punto più alto in cui l'energia cinetica diventa nulla; per il punto **b)** si applicherà di nuovo il principio di conservazione dell'energia tra gli stessi punti di **a)**, ma ponendo l'energia assunta come energia cinetica iniziale.

a) Si applica il principio di conservazione dell'energia meccanica tra il punto a quota zero e quello a quota massima, dove l'energia assunta dal cheese-burger si trasforma in potenziale gravitazionale, pertanto si può scrivere:

Figura 13

$$Q = L = E_p = mgh \qquad (1)$$
dalla quale si ricava l'altezza richiesta:

$$h = \frac{Q}{mg} = \frac{525 \, kcal \cdot 4186 \frac{J}{kcal}}{0,145 \, kg \cdot 9,8 \frac{N}{kg}} \cong 1,546 \cdot 10^6 m \qquad (2)$$

b) Applichiamo di nuovo il principio di conservazione eguagliando l'energia assunta e la cinetica iniziale.

---

[3] Analogamente: $Q_1 = 4186 \frac{j}{kg \cdot °C} 0,55kg \cdot (30,335 - 32)°C \cong 3834j$

[4] Si può verificare che: $Q_1 = Q_2 + Q_d = 3450,3j + 383,4j \cong 3834j$

$$Q = \frac{1}{2}mv_0^2 \tag{3}$$

Da cui si ha:

$$v_0 = \sqrt{\frac{2Q}{m}} = \sqrt{\frac{2 \cdot 525\ kcal \cdot 4186\frac{J}{kcal}}{0,145\ kg}} \cong 5506\frac{m}{s} \tag{4}$$

13. Una pentola contenente 10 *lt* di acqua alla temperatura di $20°C$ viene posta su una piastra elettrica con potenza $2000W$ per portare l'acqua all'ebollizione; considerando che il 20% del calore prodotto viene assorbito dalla pentola e parte disperso nell'ambiente, determinare il tempo di funzionamento della piastra.

Strategia-soluzione

Il problema richiede il tempo di funzionamento del fornello elettrico, quindi si potrà arrivare ad esso una volta determinato il calore da fornire al sistema pentola-acqua nota la potenza del fornello.

Dalla legge della calorimetria si determina il calore necessario ai 10 *lt* (*m*=10*kg*, C_s=4186 *J/kg K*) di acqua per variare la sua temperatura da $20°C$ a $100°C$:

$$Q = C_s \cdot m_A \cdot \Delta T \tag{1}$$

$$Q = 4186\frac{J}{kgK}10kg \cdot (100 - 20)K \cong 3,35 \cdot 10^6 J \tag{2}$$

Il calore fornito dal fornello deve tener conto della perdita del 20%

$$Q = Q_{eff} - 20\%Q_{eff} = Q_{eff}(1 - 0,2) \tag{3}$$

$$\Rightarrow Q_{eff} = \frac{Q}{0,8} = \frac{3,35 \cdot 10^6 J}{0,8} \cong 4,19 \cdot 10^6 J \tag{4}$$

Dalla definizione di potenza $P=Q/t$ si ha:

$$t = \frac{Q_{eff}}{P} = \frac{4,19 \cdot 10^6 J}{2000W} = 2095\ s \cong 35' \tag{5}$$

14. Un atleta dissipa tutta l'energia fornitagli da un regime alimentare di 4000 *kcal* al *giorno*. Supponendo che disperda questa energia a ritmo costante, determinare in quale rapporto sta l'energia che disperde nell'unità di tempo con l'energia irradiata da una lampadina da 100 *w*.

35

(Halliday, 1999 p. 373)

Strategia-soluzione

La richiesta formulata è il rapporto tra le potenze dissipate. Nel dato dell'atleta abbiamo l'energia dissipata in un giorno, quindi la potenza dissipata, riferita al giorno, mentre per la lampadina viene fornita la potenza dissipata al secondo. Si potrà affrontare il problema determinando la potenza dissipata dall'atleta al secondo e confrontandola con la lampadina.

La quantità di energia dissipata dall'atleta in un giorno, espressa in Joule, è:

$$Q = 4000\frac{kcal}{gg} = 4000\frac{kcal}{gg} \cdot 4,186\frac{kJ}{kcal} = 16744\frac{kJ}{gg} \tag{1}$$

La potenza sarà data da:

$$P_a = \frac{16744\frac{kJ}{gg}}{24\frac{h}{gg} \cdot 3600\frac{s}{h}} = 0,194 \ kw \tag{2}$$

La potenza dissipata dalla lampadina è di $100w$ pari a $0,1kw$, pertanto il rapporto richiesto sarà:

$$\frac{P_A}{P_L} = \frac{0,194 \ kw}{0,1 \ kw} \cong 1,94 \ 8 \ (^5) \tag{3}$$

---

[5] Allo stesso si poteva giungere confrontando le energie dissipate al giorno per entrambi.

Determiniamo l'energia dissipata dalla lampadina in un giorno

$$Q_L = 100 \ w \cdot 24\frac{h}{gg} \cdot 3600\frac{s}{h} = 8640 \ kJ$$

$$\frac{Q_A}{Q_L} = \frac{16744 \ kj}{8640 \ kj} \cong 1,94$$

Trasmissione del calore

15. Su uno stagno poco profondo si è formato del ghiaccio ed è stato raggiunto un regime stazionario, con l'aria al di sopra del ghiaccio alla temperatura di -5,0 °C e il fondo dello stagno a 4,0 °C. Se la profondità totale del sistema ghiaccio + acqua è 1,4 *m*, quanto è spesso il ghiaccio? [Supponete che le conducibilità termiche del ghiaccio e dell'acqua siano rispettivamente 0,40 e 0,12 *cal/(m °C s)*.]

(Halliday, et al., Rist. 2012 p. 434)

Strategia-soluzione

Abbiamo un problema di trasmissione del calore riconducibile principalmente alla conduzione termica attraverso i due strati l'acqua e il ghiaccio. Dai dati del problema, si potrebbe supporre che la temperatura dello strato inferiore del ghiaccio a contatto con l'acqua sia a 0 °C, essendo sul fondo a 4 °C, e quello superiore sia a -5 °C. Considerando che la quantità di calore trasmessa tra gli strati nel tempo *t* è uguale, si potrà applicare la (22) del punto 1.2.3, sia all'acqua che al ghiaccio. Indicando con Q_A e Q_g le rispettive quantità di calore trasmesso dagli strati e con T_1 e T_2 le temperature rispettivamente del fondo dello stagno e dello strato superiore del ghiaccio, in riferimento alla Figura 14 si ha:

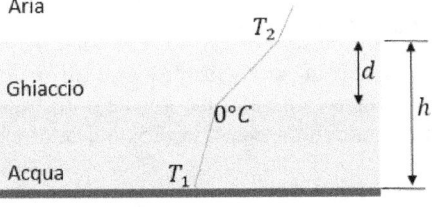

Figura 14

$$Q_A = Q_g \tag{1}$$

$$k_A A \left(\frac{T_1 - 0,0\ °C}{h - d} \right) t = k_g A \left(\frac{0,0\ °C - T_2}{d} \right) t \tag{2}$$

Semplificando per *A* e *t* e risolvendo si ha:

$$k_A \frac{T_1}{h - d} = k_g \frac{-T_2}{d} \tag{3}$$

$$\frac{k_A}{k_g} T_1 d = -T_2 (h - d) \implies d \left(\frac{k_A}{k_g} T_1 - T_2 \right) = -T_2 h \tag{4}$$

37

$$d = \frac{-T_2 h}{\left(\frac{k_A}{k_g} T_1 - T_2\right)} = \frac{-(-5°C)1,4m}{\frac{0,12}{0,40} 4°C - (-5°C)} = \frac{7°Cm}{6,2°C} \cong 1,13m \qquad (5)$$

16. Una finestra con doppi vetri è costituita di due panelli di vetro entrambi di spessore L_1 e conducibilità termica k_1, separati da uno strato di aria di spessore L_2 e conducibilità termica k_2. Dimostra che all'equilibrio la rapidità di flusso di calore che passa attraverso questa finestra per unità di area A è

$$\frac{Q}{t} = \frac{T_2 - T_1}{\frac{2L_1}{k_1} + \frac{L_2}{k_2}}$$

In questa espressione T_1 e T_2 sono le temperature dalle due parti della finestra. *(Walker, 2010 V.2, p. 514)*

Strategia-Soluzione

Si tratta di una trasmissione di calore per conduzione attraverso tre strati: due vetri e uno strato d'aria. Il problema si può affrontare con la (25) del punto 1.2.3 applicata ai tre strati.

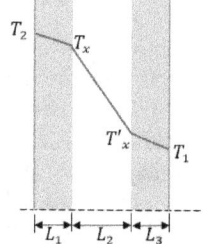

Figura 15

$$P_c = \frac{A(T_1 - T_2)}{\sum R}$$

Applicata ai tre strati per unità di superficie A, si ha[6]:

$$P_c = \frac{(T_1 - T_2)}{R_1 + R_2 + R_3} \qquad (2)$$

Ricordando che la resistenza termica è data dal rapporto spessore conducibilità

$$R = \frac{L}{k} \qquad (3)$$

La potenza è Q/t, quindi la (2) diventa:

$$\frac{Q}{t} = \frac{(T_1 - T_2)}{\frac{L_1}{k_1} + \frac{L_2}{k_2} + \frac{L_3}{k_3}} \qquad (4)$$

---

[6] Lo sviluppo della (2) è riportato nel punto 1.2.3 dei richiami e formule

Inoltre essendo $L_1=L_3$ e $k_3=k_1$ la (4) sarà

$$\frac{Q}{t} = \frac{(T_1 - T_2)}{\frac{2L_1}{k_1} + \frac{L_2}{k_2}}$$

17. Data una finestra con vetro di spessore 4 *mm*, con temperatura esterna -5 °C e interna +20 °C determinare, nell'ipotesi che il calore venga trasferito per sola conduzione:
   a) Quanti *watt* al m^2 disperde nell'unità di tempo;
   b) Quanto calore disperderebbe la finestra in un giorno se la superficie fosse $A=1,5\ m^2$
   c) Quanto è il calore disperso nell'unità di tempo dall'unità di area, se si installa un doppio vetro con vetri dello stesso spessore e intercapedine d'aria di 7 *mm*;
   d) Energia dispersa dalla finestra in un giorno nel caso **c)**.

Strategia-Soluzione

Nell'ipotesi che il calore si trasmetta solo per conduzione, si ricorre alla legge di Fourier sia per **a)** applicata ad un solo strato, Figura 16, che in **c)** situazione con tre strati, Figura 17.

a) Applichiamo Fourier relativamente all'unità di tempo a all'unità di superficie, cioè la potenza dispersa per unità di superficie al solo vetro di spessore *l*=3 *cm* (vedi Figura 16). Possiamo utilizzare la (24) del punto 1.2.3 del capitolo:

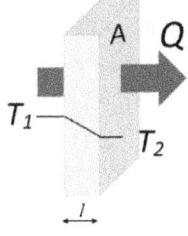

$$P = A\left(\frac{T_1 - T_2}{R}\right)$$

(1)

Figura 16

Ricordando che la resistenza termica del vetro è data da $R=l/k$ e la differenza di temperatura è $\Delta T= [20-(-5)]°C=25K$, la (1) sarà:

$$\frac{P}{A} = \left(\frac{T_1 - T_2}{\frac{l}{k}}\right) = \frac{25K}{\frac{0,004m}{0,84\frac{W}{mK}}} = 5250\frac{W}{m^2}$$

(2)

b) In un giorno l'energia dissipata sarà data da:

39

$$Q = P \cdot A \cdot t = 5250 \frac{W}{m^2} \cdot 1,5 m^2 \cdot 86400 \ s \cong 6,8 \cdot 10^8 J \qquad (3)$$

c) Si utilizzerà la relazione (25) del punto 1.2.3 del capitolo, applicata ai tre strati tenuto conto che i vetri hanno lo stesso spessore (Figura 17)

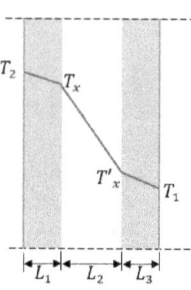

$$\frac{P}{A} = \frac{(T_1 - T_2)}{\frac{2L_1}{k_1} + \frac{L_2}{k_2}} \qquad (4)$$

Figura 17

$$\frac{P}{A} = \frac{\Delta T}{\frac{2L_1}{k_1} + \frac{L_2}{k_2}} = \frac{25K}{2 \frac{0,004m}{0,84 \frac{W}{mK}} + \frac{0,007m}{0,0234 \frac{W}{mK}}} \cong 81 \frac{W}{m^2} \qquad (5)$$

d) Il calcolo è analogo al punto b):

$$Q = P \cdot A \cdot t = 81 \frac{W}{m^2} \cdot 1,5 m^2 \cdot 86400 \ s \cong 1,05 \cdot 10^6 J \qquad (6)$$

Con la soluzione c) si ha per la finestra considerata una riduzione di dispersione di energia giornaliera pari a circa il 98%.

18. Una sfera di raggio 0,500 *m*, temperatura 27,0 °C ed emittanza 0,850 è collocata in un ambiente a temperatura 77,0 °C. Derminare:
    a) Che potenza radiante emette;
    b) Che potenza radiante assorbe la sfera;
    c) Quanto vale la potenza netta scambiata?
(Halliday, et al., Rist. 2012 p. 433)

Strategia-Soluzione

Il problema affronta la trasmissione del calore per irraggiamento e può essere affrontato con la **legge di Stefan-Boltzmann**, relazioni (26), (26.1) e (26.2) punto 1.2.3 del capitolo.

Per tutte le relazioni necessita di determinare la superficie della sfera $A = 4\pi r^2$, con $r = 0,500$ *m* e le temperature in *kelvin*, sia della sfera che dell'ambiente.

$$A = 4\pi \cdot (0,500m)^2 = 3,14 m^2 \qquad (1)$$

$$T = (27,0 + 273)K = 300K \tag{2}$$

$$T_{amb} = (77,0 + 273)K = 350K \tag{3}$$

a) La potenza radiante emessa dalla sfera sarà:

$$P_i = \sigma\varepsilon AT^4 =$$

$$= 5,67 \cdot 10^{-8}\frac{W}{m^2 \cdot K^4} \cdot 0,850 \cdot 3,14m^2 \cdot 300^4 K^4 \cong 1,23 \cdot 10^3 W \tag{4}$$

b) La potenza assorbita dalla sfera

$$P_a = \sigma\varepsilon AT^4{}_{amb} =$$

$$5,67 \cdot 10^{-8}\frac{W}{m^2 \cdot K^4} \cdot 0,850 \cdot 3,14m^2 \cdot 350^4 K^4 \cong 2,27 \cdot 10^3 W \tag{5}$$

c) La potenza netta è data dalla differenza tra le due potenze:

$$P_{net} = P_a - P_i = 2,27 \cdot 10^3 W - 1,23 \cdot 10^3 W \cong 1,04 \cdot 10^3 W \tag{6}$$

Potere calorifico

19. Per portare la massa di 15 *litri* di acqua a pressione atmosferica, dalla temperatura di 293 *K* a 373 *K*, quanto gas GPL bisogna bruciare?

(**Dati:** calore specifico dell'acqua è 4186 *J/(kg K)*; del GPL $P_c = 11000 \ kcal/kg$)

Strategia-Soluzione

Principalmente occorre determinare la quantità di calore da fornire alla massa di acqua (15 *lt* ha una massa di 15*kg*) necessaria per avere tale variazione di temperatura e successivamente la massa di gas da bruciare, noto il suo potere calorifico.

La quantità di calore necessaria sarà data dalla legge della calorimetria:

$$Q = C_s m \Delta T = 4186 \frac{J}{kgK} 15kg(373 - 293)K \cong 5{,}02 \cdot 10^6 J \qquad (1)$$

Utilizzando la (27) del punto 1.2.4 del capitolo, possiamo determinare la massa richiesta.

$$Q = P_c m \implies m = \frac{Q}{P_c} = \frac{5{,}02 \cdot 10^6 J}{11000 \frac{kcal}{kg} \cdot 4186 \frac{J}{kcal}} = 0{,}11 kg \qquad (2)$$

20. L'energia fisiologica minima necessaria per mantenere le sole funzioni vitali di un organismo vivente (metabolismo basale in condizioni di riposo) oscilla intorno alle 1680 *kcal* nelle 24 *ore*. Calcolare quanto zucchero dovrebbe ingerire un uomo per sopperire al metabolismo basale, sapendo che l'energia sviluppata nella combustione completa di 1 *kg* di zucchero (potere calorico) sia pari a 3900 *kcal/kg*.

Strategia-Soluzione

La richiesta è la massa di zucchero che l'uomo dovrebbe ingerire, noto il potere calorifico dello zucchero; pertanto possiamo utilizzare ancora la (27) punto 1.2.4 del capitolo.

$$m = \frac{Q}{P_c} = \frac{1680 \ kcal}{3900 \frac{kcal}{kg}} = 0{,}430 \ kg$$

GAS IDEALI E PASSAGGI DI STATO

CAPITOLO 2

GAS IDEALI E CINETICA DEI GAS

➢ LEGGI DEI GAS IDEALI

➢ TEORIA CINETICA DEI GAS

➢ CAMBIAMENTO DI FASE

2. GAS IDEALI, CINETICA DEI GAS, PASSAGGI DI STATO

2.1. Introduzione

Il capitolo presenta una serie di esercizi sulle leggi dei gas ideali, modelli in cui si trascura l'interazione tra le molecole; sulla teoria cinetica dei gas ideali e sul cambiamento di fase.

Analizza le trasformazioni termodinamiche, attraverso le leggi di Boyle, Gay-Lussac, Charles e l'equazione dei gas ideali.

Si propongono esercizi sul comportamento dei gas dal punto di vista fisico, nonché la relazione tra temperatura ed energia cinetica delle sue molecole, per concludere con il passaggio da uno stato di aggregazione ad un altro, in cui risalta come lo scambio di calore non produce variazione di temperatura.

2.2. Richiami e formule

2.2.1. Gas ideali

Lo stato di un gas dipende dalle grandezze di massa (moli), pressione, volume e temperatura. La variazione di almeno una delle precedenti grandezze ne provoca una trasformazione, passaggio da uno stato iniziale ad uno finale, individuato da tali grandezze. Le grandezze pressione, volume e temperatura non sono tra di loro indipendenti, ma sono legate da equazioni di stato, le leggi dei gas.

2.2.1.1. Legge di Boyle

A temperatura costante il prodotto tra volume occupato da un gas e la sua pressione è uguale ad una costante.

In altri termini tra le grandezze p e V c'è proporzionalità inversa.

$$pV = costante \tag{1}$$

Riportando in un grafico $p=f(V)$, la trasformazione è rappresentata da un ramo di iperbole equilatera come in Figura 18.

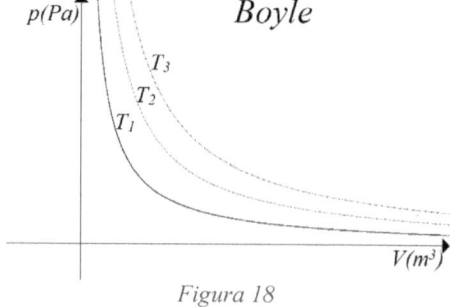

Figura 18

2.2.1.2. Prima legge di Gay-Lussac

A pressione costante il volume di un gas è direttamente proporzionale alla temperatura.

$$V = V_0(1 + \alpha t) \tag{2}$$

con α costante uguale per tutti i gas il cui valore è

$$\alpha = \frac{1}{273,15K} \cong \frac{1}{273°C} \tag{3}$$

Utilizzando la **temperatura assoluta** T, invece di quella Celsius, ricordando che

$$T = t + 273$$

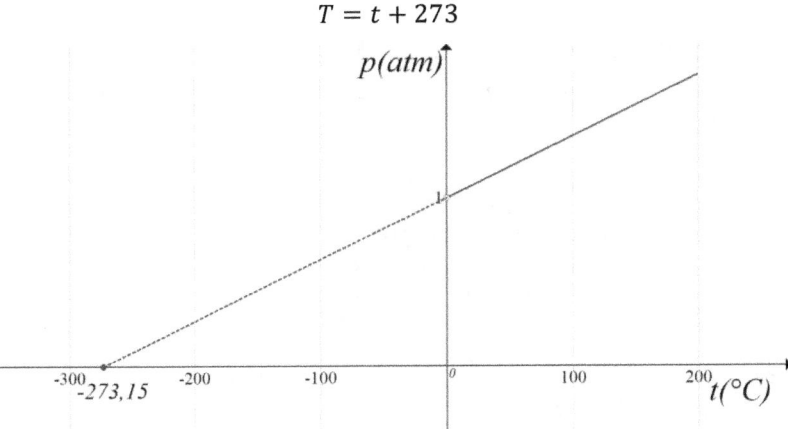

Figura 19

la (2), assume la forma:

$$V = V_0 \left[1 + \frac{1}{273}(T - 273) \right] = \frac{V_0}{273}T \tag{4}$$

Essendo $273K$ la temperatura del gas T_0 e V_0 il suo volume in m^3, a quella temperatura si ha:

$$V = \left(\frac{V_0}{T_0} \right)T \quad \Longrightarrow \quad \frac{V}{T} = costante \tag{5}$$

Mantenuta costante la pressione di un gas, il rapporto tra volume e temperatura assoluta è uguale ad una costante.

Nel grafico di Figura 20, $V=f(T)$, l'andamento è rappresentato da una retta a pendenza variabile in base alla pressione a cui la trasformazione avviene.

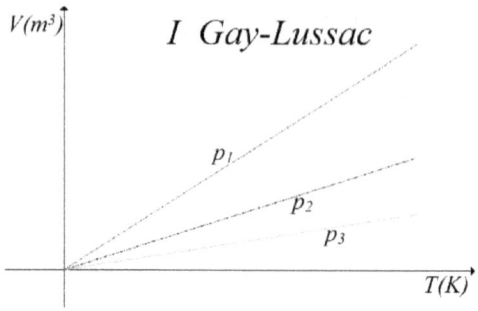

Figura 20

2.2.1.3. <u>Seconda legge di Gay-Lussac</u>

A volume costante la pressione di un gas è direttamente proporzionale alla temperatura.

$$p = p_0(1 + \alpha t) \qquad (6)$$

Con analogo ragionamento fatto per la prima legge, la (6) diventa

$$p = \left(\frac{p_0}{T_0}\right)T \implies \frac{P}{T} = costante \qquad (7)$$

Mantenendo costante il volume di un gas il rapporto tra pressione e temperatura assoluta è uguale ad una costante.

Nel grafico di Figura 21, $p=f(T)$, l'andamento è rappresentato da una retta a pendenza variabile in base al volume del gas.

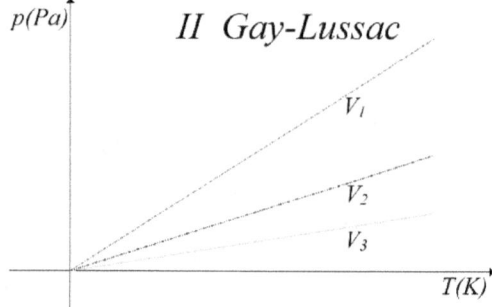

Figura 21

2.2.1.4. Equazione di stato dei gas ideali

In Figura 22, viene rappresentato il diagramma tridimensionale delle trasformazioni di un gas ideale espresso in funzione dei parametri di stato.

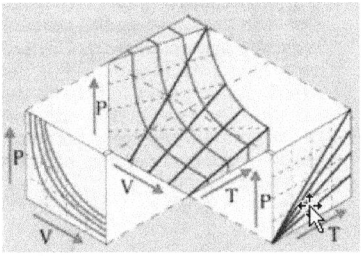

Se consideriamo un gas perfetto il cui stato iniziale A è identificato dai parametri p_0, V_0, $t_0 = 0°C$ e quello finale B da p, V, t, ottenuto attraverso una trasformazione a pressione costante e successivamente a temperatura costante (vedi Figura 23)

Figura 22

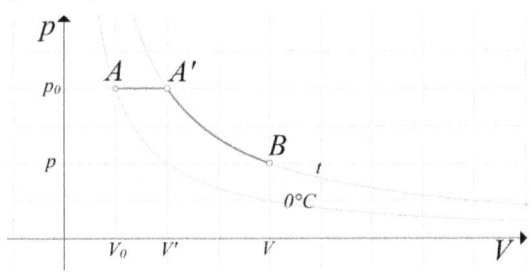

Figura 23

la trasformazione AA' è regolata dalla (2)

$$V' = V_0(1 + \alpha t) \tag{8}$$

La trasformazione $A'B$ è regolata dalla (1)

$$pV = p_0 V' \tag{9}$$

Sostituendo la (8) nella (9) si ha:

$$pV = p_0 V_0(1 + \alpha t) \tag{10}$$

che rappresenta l'equazione di stato dei gas ideali in funzione dei parametri di stato.

Con analogo ragionamento utilizzato nella (4), passando alla temperatura assoluta la (10) diventa:

$$pV = \frac{p_0 V_0}{273} T = RT \tag{11}$$

dove R costante universale è legata alle unità di misura utilizzate dal sistema di riferimento scelto:

a) <u>Sistema pratico</u> - una mole, pressione in atmosfere e volume in litri

$$R = \frac{p_0 V_0}{273} = \frac{1 \ atm \cdot \dfrac{22,4lt}{mol}}{273K} \cong 0,0821 \ lt \cdot \frac{atm}{K \cdot mol} \tag{12}$$

b) <u>Sistema S.I.</u> - una mole, pressione in Pascal, volume in m^3

$$R = 8,31 \frac{J}{K \cdot mol} \tag{13}$$

Generalizzando per n moli si potrà scrivere:

$$pV = nRT \tag{14}$$

Inoltre nota la massa del gas, la definizione di grammomolecola e la sua massa molare, si può determinare il numero di moli

$$n = \frac{m}{M} \quad inoltre \quad n = \frac{N}{N_a} \tag{15}$$

Dove N_0 è il numero di molecole per mole (numero di Avogadro).

La (14) si potrà scrivere:

$$pV = \frac{N}{N_a} RT \tag{16}$$

Introducendo $k = R/N_a$ costante di Boltzmann il cui valore è $k = 1,38 \cdot 10^{-23} \ J/K$

l'equazione che regola un gas ideale si potrà scrivere:

$$pV = NkT \tag{17}$$

È facilmente dimostrabile come dall'equaziuone di stato (11) o (14) si possano riottenere le tre leggi precedenti:

Trasformazione isoterma	$T = T_0$	$pV = \dfrac{p_0 V_0}{T_0} T_0$	Boyle
Trasformazione isòbara	$p = p_0$	$p_0 V = \dfrac{p_0 V_0}{T_0} T$	I Gay-Lussac
Trasformazione isòcora	$V = V_0$	$pV_0 = \dfrac{p_0 V_0}{T_0} T$	II Gay-Lussac

2.2.2. Teoria cinetica

2.2.2.1. Origine della pressione

La pressione esercitata da un gas è dovuta ai numerosi urti delle molecole sulle pareti del contenitore. Analizzando il comportamento di *n* moli di un gas ideale composto, racchiuso in un contenitore cubico di volume *V e lato L*, le cui pareti sono tenute ad una temperatura *T*, ricorrendo alla meccanica del punto materiale si determina la relazione tra pressione esercitata dal gas sulle pareti e la velocità delle sue particelle.

Il moto delle molecole avviene in tutte le direzioni. Ci sono urti tra molecole e quelle sulle pareti (Figura 24); in questa trattazione si trascurano quelli tra molecole e si analizzano solo quelli sulle pareti, considerati perfettamente elastici. Ogni collisione provoca sulla molecola una variazione di quantità di moto. Dalla meccanica del punto materiale, II di Newton *F=dp/dt*, risulta che il rapporto tra la variazione totale della quantità di moto e il tempo in cui avviene tale variazione altro non è che la forza che agisce sulla parete.

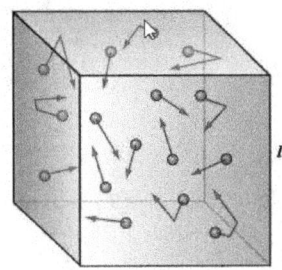

Figura 24

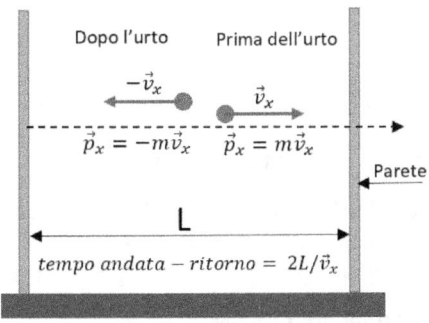

Figura 25

Analizzando il moto di una molecola di massa *m*, in una delle direzioni, es. *x* (Figura 25), si potrà scrivere:

$$F_{xi} = \frac{\Delta p_x}{\Delta t} = \frac{2mv_x}{\frac{2L}{v_x}} = \frac{mv_x^2}{L}$$

(18)

Questa è la forza di una sola molecola a cui dobbiamo sommare il contributo di tutte le altre molecole, tenendo in considerazione che possono avere velocità diverse. La pressione sulla parete sarà data dalla forza totale diviso l'area della parete

$$p = \frac{F_x}{L^2} = \frac{\frac{mv_{x1}^2 + mv_{x2}^2 + \cdots + mv_{xN}^2}{L}}{L^2} =$$

49

$$= \frac{m}{L^3} \cdot (v_{x1}^2 + v_{x2}^2 + \cdots + v_{xN}^2) \qquad (19)$$

Indicando con N il totale delle molecole del gas, la (19) si potrà scrivere:

$$p = \frac{Nm}{L^3} \cdot \frac{(v_{x1}^2 + v_{x2}^2 + \cdots + v_{xN}^2)}{N} \qquad (19')$$

Essendo inoltre

$N = nN_A$ e $\overline{v_x^2}$ *il valore quadratico medio delle velocita in x*

si può sostituire nella (19') $n \cdot N_A \overline{v_x^2}$ che diventa:

$$p = \frac{n \cdot mN_A}{L^3} \overline{v_x^2} = \frac{nM}{V} \overline{v_x^2} \qquad (20)$$

Nelle tre direzioni si avrà

$$v^2 = v_x^2 + v_y^2 + v_z^2 \qquad (21)$$

In virtù delle approssimazioni, avendo supposto che il moto delle molecole è del tutto casuale, ed escludendo una direzione privilegiata nello spazio, si potrà ritenere ragionevolmente che in media i valori delle velocità quadratiche medie nelle tre direzioni siano uguali e quindi 1/3 di quella totale.

La (20) diventa

$$p = \frac{nM}{3V} v^2{}_{qm} \qquad (22)$$

La radice quadrata di $\overline{v^2}$ è denominata **velocità quadratica media** v_{qm}

Dalla (22) chiamata anche equazione di **Joule-Clausius**, si deduce che la pressione, una entità macroscopica, dipenda da una microscopica (la velocità delle molecole).

Dalla (22) si può ricavare la **velocità quadratica media**

$$v_{qm} = \sqrt{\frac{3V \cdot p}{n \cdot M}} \qquad \mathbf{(23)}$$

Combinandola con la (14) $pV = nRT$ si ha:

$$v_{qm} = \sqrt{\frac{3RT}{M}} \qquad (24)$$

La (24) mette in risalto come la velocità quadratica media del gas dipende dalla sola temperatura assoluta.

2.2.2.2. Energia cinetica e temperatura

Fatte le opportune ipotesi sulla velocità, la costanza dell'energia totale del gas, il tempo di osservazione abbastanza lungo, possiamo, riferendoci ad una sola molecola, determinare l'energia **cinetica traslazionale media**, che sarà:

$$\overline{E_c} = \frac{1}{2}m \cdot v^2{}_{qm} \qquad (25)$$

Utilizzando la (24), la (25) si potrà scrivere come:

$$\overline{E_c} = \frac{1}{2}m \left(\frac{3RT}{M}\right) = \frac{3}{2}\frac{RT}{N_A} \qquad (26)$$

Essendo inoltre $M/m = N_A$ e $k = R/N_a$ (costante di Boltzmann) la (26) diventa:

$$\overline{E_c} = \frac{3}{2}kT \qquad (27)$$

La (27) mette in evidenza come l'energia cinetica traslazionale media di tutte le molecole di un gas è uguale, indipendentemente dalla loro massa, pertanto quando misuriamo la temperatura di un gas altro non abbiamo che l'energia cinetica traslazionale media delle sue molecole. In altre parole possiamo affermare che

la temperatura assoluta di un gas rappresenta la manifestazione macroscopica del moto di agitazione termica delle molecole.

2.2.2.3. Energia interna di un gas ideale

In un gas ideale, come si è ipotizzato, non ci sono interazioni tra molecole se non urti perfettamente elastici, in cui si conserva l'energia cinetica; pertanto l'energia totale non è altro che la somma delle energie cinetiche di tutte le molecole. Se ci riferiamo a N molecole di un gas monoatomico l'energia interna sarà:

$$E_i = \frac{3}{2}NkT \qquad (28)$$

o anche

$$E_i = \frac{3}{2}nRT \qquad (29)$$

2.2.2.4. Distribuzione delle velocità delle molecole

Il fisico scozzese James Clerk Maxwell ottiene il risultato sulla distribuzione delle velocità in termini probabilistici. L'equazione di Maxwell sulla distribuzione è

$$P(v) = 4\pi \left(\frac{M}{2\pi RT}\right)^{\frac{3}{2}} v^2 e^{-\frac{Mv^2}{2RT}} \qquad (30)$$

La Figura 26 riporta le tre velocità caratteristiche: la più probabile v_P, quella media $\bar{v}$, quella quadratica media v_{qm}.

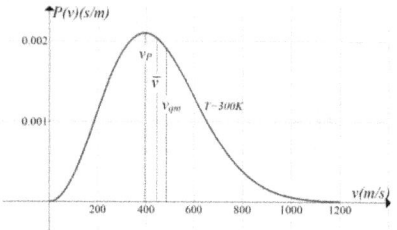

Figura 26 - Distribuzione di Maxwell delle velocità molecolari dell'ossigeno (O_2) a 300 K

Nella relazione (24) si è già riportato il calcolo della velocità quadratica media; riportiamo, per completezza, le relazioni con cui si possono determinare le altre due velocità
media:

$$\bar{v} = \sqrt{\frac{8RT}{\pi M}} \qquad (30)$$

più probabile:

$$v_P = \sqrt{\frac{2RT}{M}} \qquad (31)$$

La Figura 27 mette a confronto la distribuzione delle velocità delle molecole di ossigeno alle temperature di 80K e 300K. Si evidenzia come la velocità delle molecole sia minore per le temperature più basse.

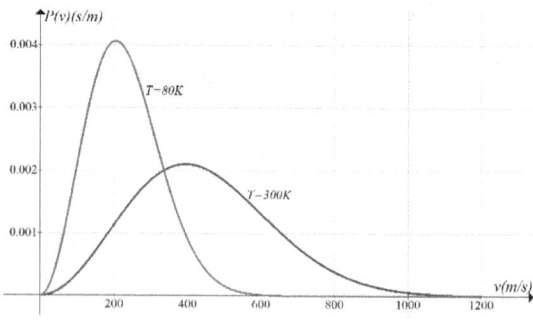

Figura 27

2.2.3. Cambiamento di fase

2.2.3.1. Calore latente

Durante il passaggio da una fase fisica ad un'altra la temperatura della sostanza rimane invariata, pur continuando a scambiare calore, quindi in questa circostanza non vale la legge della calorimetria in quanto non c'è variazione di temperatura; si introduce il concetto di **calore latente**. Esso sarà legato alla massa della sostanza e alla quantità di calore scambiato dalla relazione

$$L = \frac{Q}{m} \tag{32}$$

Di questa grandezza possiamo dare la seguente definizione:

> Il **calore latente L** è il calore che deve essere fornito o sottratto ad un chilogrammo di sostanza per ottenerne un passaggio di fase.

Tuttavia si possono avere diversi passaggi di fase per cui il calore latente può essere definito come:

> **calore latente di fusione** L_f – quantità di calore necessario per fondere o solidificare un chilogrammo di tale sostanza;

> **calore latente di vaporizzazione** L_v – quantità di calore necessario per vaporizzare o condensare un chilogrammo di tale sostanza;

> **calore latente di sublimazione** L_s – quantità di calore necessario ad un chilogrammo di sostanza per sublimare direttamente in gas un solido o condensare direttamente un gas in solido.

Tabella 5-Calore latente di alcune sostanze

Sostanza	Calore latente di fusione		Calore latente di vaporizzazione	
	J/g	Cal/g	J/g	Cal/g
Acqua	334	80	2260	540
Alcol etilico	104,5	25	878	210
Etere etilico	97	23,2	355	85
Alluminio	222	53,1	10534	2520
Ferro	272	65	6688	1600
Oro	67,3	16,1	1588	380
Rame	209	50	4807	1150

2.2.3.2. Cambiamento di fase

Struttura microscopica della materia

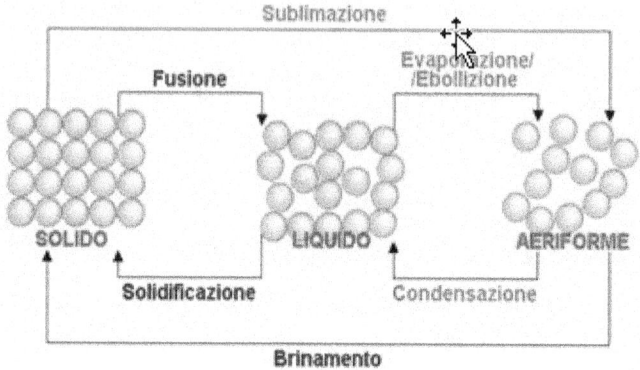

Figura 28

In condizioni normali i tre stati fondamentali di aggregazione della materia possono essere differenziati mediante una rappresentazione microscopica che tenga conto delle distanze tra le molecole e della possibilità di movimento delle stesse, rappresentabili da un modello semplificato come in Figura 28.

Le distanze intermolecolari medie possono variare nei solidi e liquidi da zero al doppio o triplo del raggio molecolare, mentre nello stato aeriforme possono raggiungere anche valori di circa 100 volte il raggio molecolare.

Incidono su uno stesso stato di aggregazione le condizioni di temperatura e pressione della materia. Infatti la deformazione e dilatazione termica nei solidi e la compressione negli aeriformi sono le conseguenze evidenti della variazioni tra distanze molecolari.

Moto molecolare

nei **solidi** il moto molecolare si può equiparare a piccole rapide oscillazioni intorno ai punti nodali;

nei **liquidi** le mutue distanze tra molecole rimangono invariate, si muovono a gruppi mescolandosi continuamente;

negli **aeriformi** si parlerà di agitazione termica, infatti le molecole notevolmente distanziate si muovono di moto rapido e disordinato.

Diagramma di fase

La Figura 29 mostra nel piano p, T gli stati di aggregazione di una data sostanza.

Le curve mostrano i confini tra gli stati e gli eventuali passaggi a seconda della temperatura e pressione; esse si incontrano in un punto detto **punto triplo**, in cui coesistono in perfetto equilibrio.

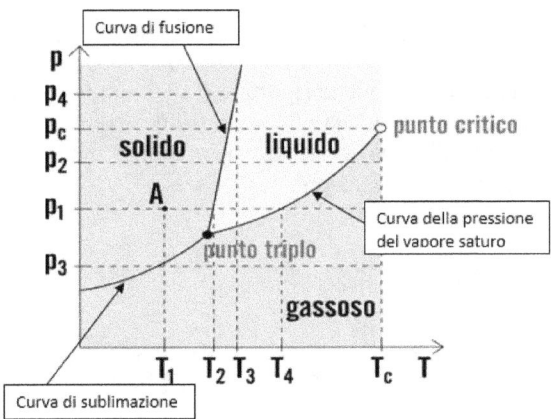

Figura 29-diagramma di fase

Punto critico è il punto in cui non c'è più distinzione tra liquido e gas; sono un tutt'uno e sono identificati come fluidi.

Diagramma di stato dell'acqua

Nel diagramma di Figura 30 sono riportati alcuni tra i valori di pressione e temperatura relativi a stati caratteristici dell'acqua.

Si evidenzia come alla pressione di 1 *atm* la temperatura di fusione è di 0°C e sulla stessa linea si intercetta quella di ebollizione a 100°C. Inoltre si osserva come la linea di fusione evidenzia che al diminuire della pressione fino a 0,006 *atm,* la temperatura di fusione aumenta fino a quella del punto triplo t_T di circa 0,01 °C.

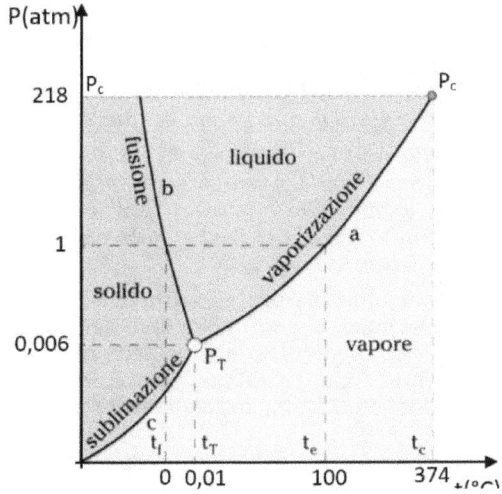

Figura 30- Diagramma di stato dell'acqua

La linea di vaporizzazione, che inizia dal punto triplo, cresce fino a raggiunge il punto critico, con valori di

55

pressione e temperatura rispettivamente di 218 *atm* e 374°C. Il passaggio solido-aeriforme è evidenziato dalla linea di sublimazione.

Diagramma di stato dell'acqua temperatura-tempo

Nella Figura 31 viene riportato il diagramma di stato T-t a pressione normale di una quantità di acqua allo stato solido, con temperatura iniziale di − 20° C (253 *K*), fino alla sua totale vaporizzazione, evidenziando i due passaggi di stato, fusione e vaporizzazione.

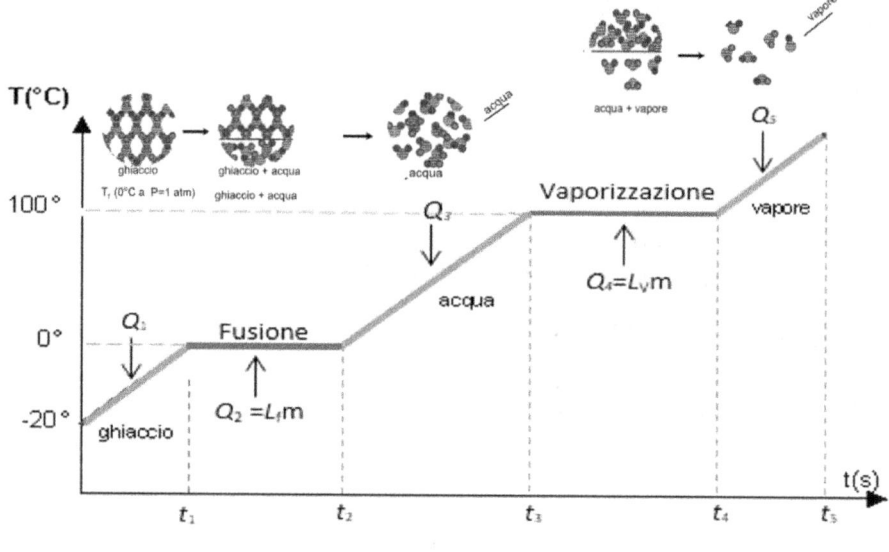

Figura 31

2.3. Esercizi

Leggi dei gas

1. Lo pneumatico di un'automobile ha volume di 0,0185 m^3. Alla temperatura di 294 K la pressione dello pneumatico è 212 kPa. Quante moli di aria devi pompare nello pneumatico per aumentarne la pressione a 252 kPa, supponendo che la sua temperatura e il suo volume rimangano costanti?
(Walker, 2010 V.2, p. 549)

Strategia-Soluzione

Il problema pone le condizioni iniziali e finali delle grandezze di stato p, V, T e richiede la quantità di aria, riferita alle moli, che bisogna aggiungere per ottenere la pressione finale, mantenendo le stesse condizioni di volume e temperatura. Si può procedere determinando il numero di moli iniziale e quello finale, da cui per differenza si desume la quantità cercata.

Applicando l'equazione (14) ai valori iniziali si ha:

$$n_0 = \frac{p_0 V_0}{R T_0} = \frac{212000\ Pa \cdot 0,0185\ m^3}{8,31\frac{J}{mol \cdot K} 294K} \cong 1,605\ mol \tag{1}$$

Applicando la stessa (14) ai valori finali si ha:

$$n = \frac{p V_0}{R T_0} = \frac{252000\ Pa \cdot 0,0185\ m^3}{8,31\frac{J}{mol \cdot K} 294K} \cong 1,908\ mol \tag{2}$$

Il numero di moli cercato è dato dalla differenza tra quelle inizialmente presenti nello pneumatico e quelle finali.

$$\Delta n = n - n_0 = (1,908 - 1,605)mol = 0,303\ mol \tag{3}$$

2. Due moli di gas ideale contenuto in un volume di 20 lt alla temperatura di 30°C, subisce un'espansione isotermica con volume finale di 60 lt. Determinare:
   a) La pressione finale del gas;
   b) La temperatura del gas, se lo stesso viene riportato al

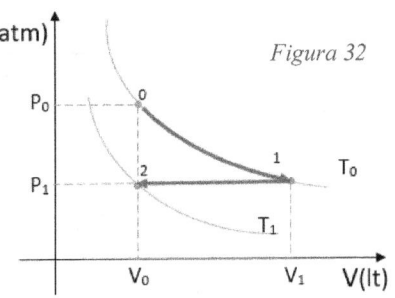

Figura 32

volume iniziale mantenendo la stessa pressione;

Strategia-Soluzione

Le domande fanno riferimento a trasformazioni a temperatura e pressione costante (vedi Figura 32), pertanto si possono utilizzare le leggi di Boyle e Gay-Lussac. Tuttavia non si conosce la pressione iniziale, la quale può essere determinata applicando la (14).

$$p_0 = \frac{nRT_0}{V_0} = \frac{2\,mol \cdot 8{,}31\frac{J}{mol \cdot K}(30 + 273)K}{20 \cdot 10^{-3}m^3} \cong 251{,}8\;kPa \qquad (1)$$

a) Per la trasformazione isotermica applichiamo Boyle:

$$p_1 V_1 = p_0 V_0 \implies p_1 = \frac{p_0 V_0}{V_1} = \frac{251{,}8\;kPa \cdot 20 \cdot 10^{-3}m^3}{60 \cdot 10^{-3}m^3} \cong 83{,}9\;kPa \; ^{[7]}\;(2)$$

b) Per determinare la temperatura applichiamo la (5) prima di Gay-Lussac:

$$\frac{V}{T} = \frac{V_1}{T_1} \implies T = \frac{V_0}{V_1}T_1 = \frac{20 \cdot 10^{-3}m^3}{60 \cdot 10^{-3}m^3}303K = 101K \qquad (3)$$

3. La condizione standard di pressione atmosferica e temperatura è definita come una temperatura di $0°C$ e pressione di $101{,}3\;kPa$. Quale volume occupa una mole di gas ideale, in condizioni standard?
(Walker, 2010 V.2, p. 549)

Strategia-Soluzione

Il problema si può affrontare applicando l'equazione (14), legge di stato dei gas perfetti punto 2.2.1.4 del capitolo, una volta trasformati i $°C$ in K.

$$pV = nRT \qquad (1)$$

$$V = \frac{nRT}{p} = \frac{1\,mol \cdot 8{,}31\frac{J}{mol \cdot K}273K}{101{,}31 \cdot 0^3 Pa} \cong 0{,}0224\;m^3 \qquad (2)$$

---

[7] Allo stesso risultato saremmo giunti se avessimo applicato l'equazione (14) al punto finale:

$$p_1 = \frac{nRT_0}{V_1} = \frac{2\,mol \cdot 8{,}31\frac{J}{mol \cdot K}(30 + 273)K}{60 \cdot 10^{-3}m^3} \cong 83{,}9\;kPa$$

4. Un gas alla temperatura di $0°C$ occupa un volume inziale. Supponendo di mantenere costante la presione, determinare la temperatura alla quale bisogna portare il gas affinchè il suo volume risulti
  a) 2/3 di quello iniziale;
  b) 3/2 di quello iniziale

Strategia-Soluzione

In entrambi i casi potremmo utilizzare sia la (2) del punto 2.2.1.2, senza trasformare i gradi *centigradi* in *Kelvin*, che la (5) utilizzando la temperatura in *Kelvin*.

Modo 1:

a)

$$V = V_0(1 + \alpha t) \implies \frac{2}{3}V_0 = V_0(1 + \alpha t) \tag{1}$$

Semplificando e risolvendo rispetto a *t*, si ha:

$$t = \left(\frac{2}{3} - 1\right)\frac{1}{\alpha} = -\frac{1}{3\alpha} = -\frac{1}{3\frac{1}{273}} = -\frac{273}{3} = -91°C \tag{2}$$

b) Procedendo allo stesso modo di **a)** si ha:

$$\frac{3}{2}V_0 = V_0(1 + \alpha t) \tag{3}$$

$$t = \left(\frac{3}{2} - 1\right)\frac{1}{\alpha} = \frac{273}{2} = 136{,}5°C \tag{4}$$

Modo 2

a) Dalla relazione (5) e ricordando che $t=0°C = 273K$, si ha:

$$V = \left(\frac{V_0}{T_0}\right)T \implies \frac{2}{3}V_0 = \frac{V_0 T}{T_0} \tag{5}$$

Semplificando e risolvendo rispetto a *T* otteniamo:

$$T = \frac{2}{3}T_0 = \frac{2}{3}273K = 182K = (182 - 273)°C = -91°C \tag{6}$$

b) Procedendo allo steso modo di **a)** si ha:

$$T = \frac{3}{2}T_0 = \frac{3}{2}273K = 409{,}5K = (409{,}5 - 273)°C = 136{,}5°C \tag{7}$$

5. Un pallone è riempito con elio alla pressione di $2,4 \cdot 10^5 \, Pa$. Il pallone si trova alla temperatura di $18°C$ e ha un raggio di $0,25 \, m$. Determinare:

a) Quanti atomi di elio sono contenuti nel pallone;

b) Di quale fattore aumenterà il raggio del pallone, supponendo che venga raddoppiato il numero di atomi di elio nel pallone, mantenendo costanti temperatura e pressione.

(Walker, 2010 V.2, p. 549)

Strategia-Soluzione

Per la domanda **a)** possiamo applicare l'equazione (14) e ricavare il numero di moli contenuto nel pallone da cui, attraverso il numero di Avogadro, risalire alle molecole e quindi agli atomi di elio essendo un gas monoatomico. Per la **b)** si procederà in modo inverso in quanto raddoppiando gli atomi raddoppiano le moli, pertanto dalla (14) si può risalire al volume finale e quindi al raggio della sfera (il pallone).

a) Applichiamo la (14) per ricavare il numero di moli nel pallone:

$$n = \frac{pV}{RT} = \frac{2,4 \cdot 10^5 Pa \cdot \left(\frac{4}{3}\pi r^3\right)}{8,31 \frac{J}{mol \cdot K}(18 + 273)K} \cong 6,496 \, mol \tag{1}$$

Il numero di atomi è uguale al numero delle molecole N e sarà:

$$N = n \cdot N_A = 6,496 mol \cdot 6,022 \cdot 10^{23} \frac{molecole}{mol} \cong 3,9 \cdot 10^{24} molecole \tag{2}$$

b) Per determinare il fattore richiesto bisogna calcolare il nuovo raggio del pallone. Determiniamo prima il nuovo volume dalla (14) considerando, come precedentemente detto, che raddoppiando gli atomi, quindi le molecole, si raddoppia anche il numero di moli.

$$V_1 = \frac{(2n)RT}{p} = \frac{(2 \cdot 6,496 mol) \cdot 8,31 \frac{J}{mol \cdot K}(18 + 273)K}{2,4 \cdot 10^5 Pa} \cong 0,131 m^3 \tag{3}$$

Il nuovo raggio sarà:

$$r_1 = \sqrt[3]{\frac{3V_1}{4\pi}} = \sqrt[3]{\frac{3 \cdot 0,131 m^3}{4 \cdot \pi}} \cong 0,315 m \tag{4}$$

Il fattore cercato sarà:

$$\frac{r_1}{r} = \frac{0,315 m}{0,25 m} = 1,26 \tag{5}$$

Teoria cinetica dei gas

6. La temperatura piu bassa possibile nello spazio al di fuori dell'atmosfera è 2,7K. Qual è la velocità quadratica media delle molecole di idrogeno a questa temperatura? (La massa molare dell'idrogeno molecolare è 2,02·10⁻³ kg/mol)
(Halliday, et al., Rist. 2012 p. 460)

Strategia-Soluzione

Il problema si può affrontare con la cinetica dei gas, per cui la velocità quadratica media è data dalla relazione (24) del punto 2.2.2

$$v_{qm} = \sqrt{\frac{3RT}{M}} = \sqrt{\frac{3 \cdot 8,31\frac{J}{mol \cdot K}2,7K}{2,02 \cdot 10^{-3}\frac{kg}{mol}}} \cong 183\frac{m}{s}$$

7. Data una molecola di azoto (massa molare 28,0·10⁻³ kg/mol), determinare
  a) La velocità quadratica media della molecola di azoto alla temperatura di 20,0 °C;
  b) A quale temperatura la velocità quadratica media sarà la metà di **a)**;
  c) A quale temperatura la velocità quadratica media sarà il doppio di **a)**.
(Halliday, et al., Rist. 2012 p. 460)

Strategia-Soluzione

Tutti e tre i quesiti si possono risolvere applicando la teoria cinetica dei gas ideali con la (24).

a) Applichiamo la (24) con la temperatura espressa in kelvin
  $T = (20+273)\ K \approx 293K$

$$v_{qm} = \sqrt{\frac{3RT}{M}} = \sqrt{\frac{3 \cdot 8,31\frac{J}{mol \cdot K}293K}{28,0 \cdot 10^{-3}\frac{kg}{mol}}} \cong 511\frac{m}{s} \qquad (1)$$

b) Dalla stessa (24), risolvendo rispetto a T e ponendo la velocità quadratica media uguale ad ½ di v_{qm} trovata in **a)** si ha:

$$T_1 = \frac{\left(\frac{1}{2}v_{qm}\right)^2 M}{3R} \cong 73,3K \qquad (2)$$

c) Analogamente a **b)**, ma ponendo la velocità quadratica media uguale a 2 v_{qm} trovata in **a)** si ha:

$$T_2 = \frac{\left(2v_{qm}\right)^2 M}{3R} = \frac{\left(2 \cdot 511 \frac{m}{s}\right)^2 \cdot 28{,}0 \cdot 10^{-3} \frac{kg}{mol}}{3 \cdot 8{,}31 \frac{J}{mol \cdot K}} \cong 1173K \qquad (3)$$

8. La velocità quadratica media di una molecola di O_2 a una data temperatura è 1550 m/s.
   a) La velocità quadratica media di una molecola di H_2O alla stessa temperatura sarà maggiore, minore oppure uguale a 1550 m/s? Giustifica la tua risposta.
   b) Calcola la velocità quadratica media di H_2O a questa temperatura.
   (Walker, 2010 V.2, p. 550)

Strategia-Soluzione

Per entrambe le risposte ci possiamo avvalere della cinetica dei gas ideali, relazione (24) del punto 2.2.2. Ponendo a confronto le masse molari della molecola di ossigeno e quella dell'acqua, si può giustificare la **a)**; per la **b)** basta determinare tramite la (24) la velocità cercata. Tuttavia occorre in prima istanza determinare la temperatura a cui si fa riferimento e soprattutto le masse molari.

Masse molari M_1 di O_2 e M_2 di H_2O:

$$M_1 = 2\left(16 \cdot 10^{-3} \frac{kg}{mol}\right) = 32 \cdot 10^{-3} \frac{kg}{mol} \qquad (1)$$

$$M_2 = 2 \cdot \left(1{,}01 \cdot 10^{-3} \frac{kg}{mol}\right) + 16 \cdot 10^{-3} \frac{kg}{mol} = 18{,}02 \cdot 10^{-3} \frac{kg}{mol} \qquad (2)$$

Utilizzando la (24) e risolvendo rispetto a T otteniamo la temperatura per cui la velocità quadratica media di O_2 è 1550 m/s.

$$T = \frac{\left(v_{qm}\right)^2 M}{3R} = \frac{\left(\frac{1550m}{s}\right)^2 \cdot 32 \cdot 10^{-3} \frac{kg}{mol}}{3 \cdot 8{,}31 \frac{J}{mol \cdot K}} \cong 3084K \qquad (3)$$

a) Confrontando la (24), calcolata con M_1 di O_2 e M_2 di H_2O, si evince chiaramente che la molecola dell'acqua alla stessa temperatura di quella dell'ossigeno ha maggiore velocità quadratica media avendo una massa molare minore.

b) Applichiamo la (24) per la molecola di acqua con la temperatura T determinata precedentemente:

$$v_{qm} = \sqrt{\frac{3RT}{M_2}} = \sqrt{\frac{3 \cdot 8,31 \frac{J}{mol \cdot K} 3084K}{18,02 \cdot 10^{-3} \frac{kg}{mol}}} \cong 2067 \frac{m}{s} \qquad (4)$$

9. Un contenitore di forma sferica, con volume pari a 350 *ml*, contiene 0,075 *moli* di un gas ideale alia temperatura di 293 K. Qual è la forza media esercitata sulle pareti del contenitore da ogni singola molecola?
(Walker, 2010 V.2, p. 550)

Strategia-Soluzione

Il problema richiede la forza media esercitata da una sola molecola, pertanto per determinarla possiamo, calcolata la pressione che tale molecola esercita nella sfera, dividerla per la superficie della sfera. Per la pressione, si potrà utilizzare la relazione ottenuta combinando la (17) punto 2.2.1 con la (22) punto 2.2.2.

$$p = \frac{NkT}{V} \qquad (1)$$

Riferita ad una sola molecola essa diventa:

$$p = \frac{kT}{V} = \frac{1,38 \cdot 10^{-23} \frac{J}{K} \cdot 293K}{0,35 \cdot 10^{-3}m^3} \cong 1,16 \cdot 10^{-17}Pa \qquad (2)$$

La forza cercata è data da:

$$\bar{F} = p \cdot A = p \cdot 4\pi r^2 \qquad (3)$$

dove r è il raggio della sfera che può essere desunto dalla relazione del volume della sfera (V=4/3πr³):

$$r = \sqrt[3]{\frac{3V}{4\pi}} = \sqrt[3]{\frac{3 \cdot 0,35 \cdot 10^{-3}m^3}{4\pi}} \cong 0,044 \, m \qquad (4)$$

La (3) diventa:

$$\bar{F} = 1,16 \cdot 10^{-17}Pa \cdot 4\pi(0,044 \, m)^2 \cong 2,8 \cdot 10^{-19}N \qquad (5)$$

10. Determinare l'energia cinetica media di una molecola di gas alle seguenti temperature:
 a)   300K;
 b)   60°C;
 c)   -30°C.

(Cantelli, 1997 p. 648)

Strategia-Soluzione

L'energia cinetica media di una singola molecola ad una data temperatura può essere determinata dalla (27) del punto 2.2.2 utilizzando le temperature in kelvin:

$$\overline{E_c} = \frac{3}{2} kT \tag{1}$$

a)   Per T=300K si ha:

$$\overline{E_c} = \frac{3}{2} 1,38 \cdot 10^{-23} \frac{J}{K} \cdot 300K = 6,21 \cdot 10^{-21} J \tag{2}$$

b)   Per T=60°C=(60+273)K=333K si ha:

$$\overline{E_c} = \frac{3}{2} 1,38 \cdot 10^{-23} \frac{J}{K} \cdot 333K = 6,89 \cdot 10^{-21} J \tag{2}$$

c)   Per T=-30°C=(-30+273)K=243K si ha:

$$\overline{E_c} = \frac{3}{2} 1,38 \cdot 10^{-23} \frac{J}{K} \cdot 243K = 5,03 \cdot 10^{-21} J \tag{3}$$

11. Dato un gas ideale determinare:
 a)   Il valore medio dell'energia cinetica traslazionale delle particelle alle temperature di 0,00 °C e 100 °C;
 b)   Qual è l'energia cinetica traslazionale per ogni mole alle stesse temperature di **a)**.

(Halliday, et al., Rist. 2012 p. 460)

Strategia-Soluzione

L'energia cinetica traslazionale media per singola particella è data dalla relazione (27), mentre quella riferita a *n* moli dalla (29). Per entrami i quesiti richiesti occorre trasformare le temperature in kelvin.

$$T_1 = (0,00 + 273)K = 273K; \qquad T_2 = (100 + 273)K = 373K \tag{1}$$

a)   Il valore dell'energia richiesta sarà dato dalla relazione:

$$\overline{E_{c1}} = \frac{3}{2}kT_1 = \frac{3}{2}1{,}38 \cdot 10^{-23}\frac{J}{K} \cdot 273K \cong 5{,}65 \cdot 10^{-21}J \qquad (2)$$

$$\overline{E_{c2}} = \frac{3}{2}kT_2 = \frac{3}{2}1{,}38 \cdot 10^{-23}\frac{J}{K} \cdot 373K \cong 7{,}72 \cdot 10^{-21}J \qquad (3)$$

b) Nel caso di una mole si applica la (2) punto 2.2.2.:

$$E_i = \frac{3}{2}nRT \qquad (4)$$

$$E_{i1} = \frac{3}{2}nRT_1 = \frac{3}{2} \cdot 1\text{mol} \cdot 8{,}31\frac{J}{mol \cdot K}273K \cong 3{,}40 \cdot 10^3 J \qquad (5)$$

$$E_{i2} = \frac{3}{2}nRT_2 = \frac{3}{2} \cdot 1\text{mol} \cdot 8{,}31\frac{J}{mol \cdot K}373K \cong 4{,}65 \cdot 10^3 J \qquad (6)$$

12. La velocità quadratica media di un campione di gas viene incrementata dell'1%. Calcola:

    a)   La variazione percentuale della temperatura subita dal gas;

    b)   La variazione percentuale della pressione del gas, assumendo che il suo volume sia mantenuto costante.

Strategia-Soluzione

Il problema può essere affrontato in diversi modi, sia tramite le equazioni (24) e (23) del punto 2.2.2 sia con l'energia cinetica media. Lo affronteremo per **a)** tramite l'equazione della velocità quadratica media (24) e per **b)** tramite l'utilizzo della (23).

a)   Dalla (24) possiamo determinare T e T':

$$v_{qm} = \sqrt{\frac{3RT}{M}} \quad \Rightarrow \quad T = \frac{v^2{}_{qm}M}{3R} \qquad (1)$$

Analogamente, considerando l'incremento dell'1% della velocità quadratica media

$$v'_{qm} = v_{qm} + 1\%v_{qm} = 1{,}01 \cdot v_{qm} \qquad (2)$$

si ha

$$T' = \frac{1{,}01^2 \cdot v^2{}_{qm}M}{3R} = 1{,}0201 \cdot T = T(1 + 0{,}0201) \qquad (3)$$

$$T' - T = T \cdot 0{,}0201 = 2{,}01\%T \qquad (4)$$

La variazione cercata è del 2,01%.

b) Per determinare la variazione % della pressione utilizzeremo la (23)

$$v_{qm} = \sqrt{\frac{3V \cdot p}{n \cdot M}} \quad \Longrightarrow \quad p = \frac{v^2_{qm} n \cdot M}{3V} \tag{5}$$

$$p = \frac{1,01^2 \cdot v^2_{qm} n \cdot M}{3V} = 1,0201 \cdot p = p(1 + 2,01\%) \tag{6}$$

Quindi la variazione cercata è del 2,01% [8].

13. Si trova che la velocità più probabile delle molecole di un gas a temperatura di equilibrio T_2 è uguale alla velocità quadratica media delle molecole di questo gas quando la sua temperatura di equilibrio è T_1. Calcolare T_2/T_1.
(Halliday, et al., Rist. 2012 p. 460)

Strategia-Soluzione

Essendo le velocità del problema uguali alle date temperature possiamo eguagliare la velocità più probabile data dalla relazione (31) alla relazione (24) con temperatura T_1.

$$v_P = v_{qm} \tag{1}$$

$$\sqrt{\frac{2RT_2}{M}} = \sqrt{\frac{3RT_1}{M}} \tag{2}$$

Elevando entrambi al quadrato e semplificando si ha:

$$\frac{2\cancel{R}T_2}{\cancel{M}} = \frac{3\cancel{R}T_1}{\cancel{M}} \quad \Longrightarrow \quad \frac{T_2}{T_1} = 3/2 \tag{3}$$

---

[8] Allo stesso risultato si arriva utilizzando la legge generale dei gas ideali:

$$pV = nRT$$

Essendo la pressione direttamente proporzionale alla temperatura T, subirà la stessa variazione % di T, come si può evincere utilizzando la (3) nelle relazioni seguenti:

$$p = \frac{nRT}{V} \quad \Longrightarrow \quad p' = \frac{nRT'}{V} = \frac{nR}{V}T(1 + 0,0201) = p + 2,01\% \cdot p$$

Cambiamento di fase

14. Sapendo che il potere calorifico di una certa quantità di carbone è pari a 8000 *kcal/kg*, calcolare quanto carbone occorre per fondere un iceberg la cui massa è pari a $10^8 kg$.
(Caforio, et al., 2000 p. 432)

Strategia-Soluzione

Occorre determinare in prima analisi la quantità di calore necessaria per fondere la massa dell'iceberg e successivamente calcolare la quantità di carbone in base al suo potere calorifico. La quantità di calore la si può determinare utilizzando la relazione del calore latente di fusione del ghiaccio (≈80 *kcal/kg*).

$$L_f = \frac{Q}{m} \qquad (1)$$

da cui:

$$Q = L_f m = 80 \frac{kcal}{kg} 10^8 kg = 80 \cdot 10^8 kcal \cong 3,35 \cdot 10^{10} kJ \qquad (2)$$

Nota la quantità di calore necessaria alla fusione, si può determinare la massa di carbone da bruciare utilizzando la relazione seguente:

$$Q = P_c m \qquad (3)$$

da cui si ha:

$$m = \frac{Q}{P_c} = \frac{80 \cdot 10^8 kcal}{8000 \frac{kcal}{kg}} = 10^6 kg \qquad (4)$$

15. La Figura 33 mostra un grafico temperatura-calore riferito a 1,000 *kg* d'acqua.

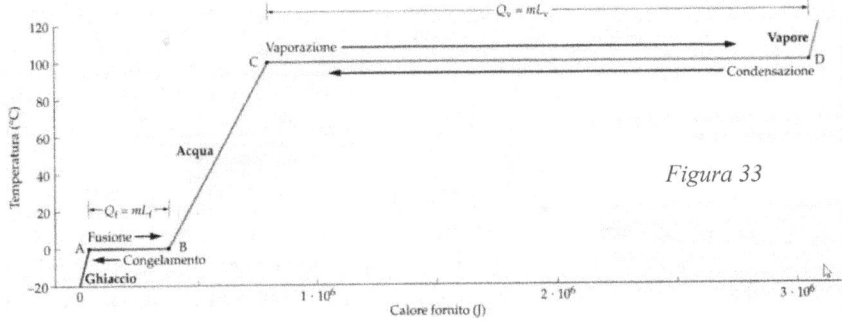

Figura 33

a) Calcola il calore corrispondente ai punti A, B, C e D.

b) Calcola la pendenza della curva tra i punti B e C. Dimostra che questa pendenza è uguale a $1/c$, dove c è il calore specifico dell'acqua allo stato liquido.

(Walker, 2010 V.2, p. 552)

Strategia-Soluzione

Dal grafico si osserva come da A a D ci siano le seguenti fasi: 0A solido (fornitura di calore-fase di riscaldamento); AB fusione (fornitura di calore-passaggio di stato); BC fase liquida (fornitura di calore-riscaldamento fino a 100°C); CD vaporazione (fornitura di calore- passaggio di stato). Il problema va affrontato con la legge della calorimetria nelle fasi di riscaldamento, mentre con le relazioni del calore latente nei passaggi di stato.

a) Determiniamo le quantità di calore fornite nei vari tratti.

Tratto 0A: variazione di temperatura da -20°C a 0°C

$$Q_1 = c_{sg}m\Delta t_1 = 2{,}090\frac{kJ}{kg°C} \cdot 1{,}0kg \cdot 20°C = 4{,}18 \cdot 10^4 J \tag{1}$$

Tratto AB: fusione del ghiaccio.

$$Q_2 = L_f m = 334{,}00\frac{kJ}{kg}1{,}0kg = 33{,}4 \cdot 10^4 J \tag{2}$$

Tratto BC: variazione di temperatura da $0°C$ a $100°C$.

$$Q_3 = cm\Delta t_2 = 4{,}186\frac{kJ}{kg°C}1{,}0kg \cdot 100°C = 41{,}86 \cdot 10^4 J \tag{3}$$

Tratto CD: vaporazione

$$Q_4 = L_v m = 2260{,}00\frac{kJ}{kg}1{,}0kg = 226{,}0 \cdot 10^4 J \tag{4}$$

Il calore corrispondente ai punti cercati sarà:
$$Q_A = 4{,}18 \cdot 10^4 J \tag{5}$$
$$Q_B = Q_A + Q_2 = 3{,}76 \cdot 10^5 J \tag{6}$$
$$Q_C = Q_B + Q_3 = 7{,}95 \cdot 10^5 J \tag{7}$$
$$Q_D = Q_C + Q_4 = 3{,}05 \cdot 10^6 J \tag{8}$$

La pendenza richiesta non è altro che il coefficiente angolare della retta passante per due punti (B e C), o anche, come è noto, dal rapporto tra la differenza delle ordinate e la differenza delle ascisse dei due punti che porterebbe allo stesso risultato. Quindi considerando la Figura 33, retta per due punti

$$y - y_0 = m(x - x_0) \implies m = \frac{y - y_0}{x - x_0}$$

applicata ai valori del problema si ha:

$$pendenza_{BC} = \frac{t_C - t_B}{Q_C - Q_B} = \frac{(100 - 0)°C}{(7,95 \cdot 10^5 - 3,76 \cdot 10^5)J} = 2,39 \cdot 10^{-4} \frac{°C}{J} \quad (9)$$

o anche:

$$pendenza_{BC} = \frac{\Delta t_{BC}}{\Delta Q_{BC}} = \frac{100°C}{(7,95 \cdot 10^5 - 3,76 \cdot 10^5)J} = 2,39 \cdot 10^{-4} \frac{°C}{J} \quad (9')$$

Per la dimostrazione ci possiamo servire della (3)

$$\frac{1}{c} = \frac{m\Delta t_2}{Q_3} = \frac{1,0 \ kg \cdot 100°C}{4,186 \cdot 10^4 \ J} = 2,39 \cdot 10^{-4} \frac{kg°C}{J} \quad (10)$$

16. Determinare il calore necessario per portare 3 Kg di ghiaccio, inizialmente ad una temperatura di -10°C ad una di 20 °C.
(**Dati**: C_s=2090 $J/kg·K$; L_f=335 kJ/kg in condizioni normali)

Strategia-soluzione

Come evidenziato dalla Figura 34, per rispondere al quesito proposto, occorre tener presente che nel processo c'è un passaggio di stato solido-liquido (fusione del ghiaccio), pertanto le leggi da utilizzare sono due, la legge della calorimetria e il calore latente di fusione, con tre quantità di calore da determinare. Si può dividere il fenomeno in tre fasi:

<u>Prima fase</u> determinare la quantità di calore necessario a portare il ghiaccio alla temperatura di fusione (0 °C).

<u>Seconda fase</u> determinare il calore necessario alla fusione.

<u>Terza fase</u> determinare la quantità di calore per portare l'acqua alla temperatura finale (20°C).

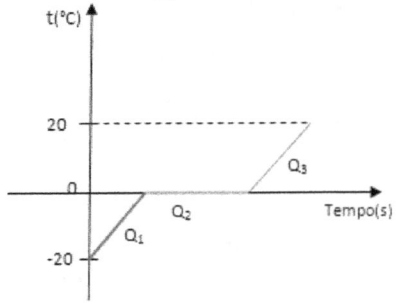

Figura 34

Applicheremo prima la (7) del punto 1.2.2 (legge della calorimetria) per le fasi uno e tre, mentre per la seconda fase la (32). Trasformiamo le temperature iniziali e finali in K.

$$T_i = -10°C = (-10 + 273)K = 263K \quad (1)$$

$$T_i = 20°C = (20 + 273)K = 293K \quad (2)$$

Prima fase: calcolo del calore Q_1

$$Q_1 = C_s m \Delta T = 2090 \frac{J}{kg \cdot K} \cdot 3{,}0kg \cdot (273 - 263)K = 62700J \cong 15 \, kcal \quad (3)$$

Seconda fase: passaggio di stato, calcolo di Q_2

$$Q_2 = L_f \cdot m = 335 \frac{kJ}{kg} \cdot 3{,}0 \, kg = 1005 \, kJ \cong 240 \, kcal \quad (4)$$

Terza fase: calcolo della quantità Q_3

$$Q_3 = C_s m \Delta T = 4186 \frac{J}{kg \cdot K} \cdot 3{,}0kg \cdot (293 - 273)K = 251160J \cong 60 \, kcal \, (5)$$

$$Q = Q_1 + Q_2 = (62{,}700 + 1005 + 251{,}16)kJ = 1318{,}9 \, kJ \cong 315 \, kcal \quad (6)$$

17. Fai cadere (da fermo) un cubetto di ghiaccio di 55 g da un'altezza di 1,0 m rispetto al suolo. Se il 10% della sua energia potenziale gravitazionale iniziale è trasformata in energia termica al momento dell'impatto con il suolo, qual è la quantità di ghiaccio che si è fuso?
(Walker, 2010 V.2, p. 553)

Strategia-Soluzione

Per calcolare la massa di ghiaccio che fonderà possiamo ricorrere alla relazione (32) del punto 2.2.3; tuttavia occorrerà principalmente determinare l'energia potenziale gravitazionale iniziale del cubetto di ghiaccio

$$E_p = mgh = 55 \cdot 10^{-3} kg \cdot 9{,}8 \frac{N}{kg} 1{,}0m \cong 0{,}539J \quad (1)$$

La quantità di massa che fonde sarà data dalla relazione citata, calore latente di fusione, in cui si terrà conto che solo 10% dell'energia potenziale iniziale si trasforma in calore, per cui si ha:

$$Q_f = 10\% E_p = L_f m \quad (2)$$

da cui:

$$m = \frac{10\% E_p}{L_f} = \frac{0{,}1 \cdot 0{,}539J}{334 \cdot 10^3 \frac{J}{kg}} \cong 1{,}6 \cdot 10^{-7} kg \quad (3)$$

18. Un blocco di ghiaccio di 5 *kg* a -1,5 °C scivola su una superficie orizzontale con un coefficiente di attrito dinamico uguale 0,062. La velocità iniziale del blocco e di 6,9 m/s e quella finale è di 5,5 m/s. Supponendo che tutta l'energia dissipata dall'attrito dinamico sia utilizzata per fondere una parte del ghiaccio, la restante parte del ghiaccio rimanga a -1,5 °C, determina la massa del ghiaccio che si e fuso.

(Walker, 2010 V.2, p. 553)

Strategia-Soluzione

Va soprattutto fatta una premessa; il problema pone alcune supposizioni:

a) la variazione di temperatura della restante parte del blocco è nulla;

b) tutta l'energia dissipata per attrito viene utilizzata per la fusione della parte cercata di ghiaccio;

c) avendo riferito le velocità iniziale e finale al blocco è evidente che si ipotizza trascurabile la variazione di massa del blocco stesso.

Le approssimazioni sono del tutto plausibili in quanto, se considerassimo la variazione d'energia applicata al blocco, la variazione di temperatura dello stesso sarebbe minore di 4/1000 di °C; inoltre anche la variazione di massa (ghiaccio che si fonde) è piccolissima, dell'ordine di 10^{-4} *kg*. Alla luce di questa premessa, si può affrontare il problema nel modo semplificato, considerando che la variazione di energia cinetica del blocco, dovuta all'attrito, si trasformi in energia termica.

Si determina la variazione di energia cinetica subita dal blocco[9]:

$$\Delta E_c = \frac{1}{2}mv^2 - \frac{1}{2}mv_0{}^2 = \frac{1}{2}5kg\left(5,5\frac{m}{s}\right)^2 - \frac{1}{2}5kg\left(6,9\frac{m}{s}\right)^2 = 43,4J \quad (1)$$

Considerando che tale energia, come supposto, venga utilizzata integralmente per la fusione di parte del ghiaccio, si ha:

$$\Delta E_c = Q_f = L_f \Delta m \quad (2)$$

Risolvendo la (2) rispetto a *Δm* otteniamo il valore cercato.

---

[9] Un calcolo rigoroso dovrebbe tener conto della variazione di massa dovuta alla fusione di parte del blocco, della quantità di calore Q_1 necessaria a portare la massa cercata da -1,5 °C a 0. Per cui la (2) dovrebbe essere: $\Delta E_c = Q_1 + Q_f = C_s \Delta m \Delta t + L_f \Delta m$

Ma anche in questo caso la differenza di massa trovata sarebbe di 0,001g pari allo 0,009%.

$$\Delta m = \frac{\Delta E_c}{L_f} = \frac{43,4J}{334 \cdot 10^3 \frac{J}{kg}} \cong 1,3 \cdot 10^{-4} kg \cong 0,13g \qquad (3)$$

Si ha una variazione di massa di circa 1/10 di grammo.

19. [10]Data una quantità di vapore di massa 1,5 kg determina:
   a) La quantità di calore che devi sottrarre al vapore a 110 °C per convertirlo in ghiaccio a 0,0 °C;
   b) Quale velocità avrebbe questo blocco di ghiaccio da 1,5 kg se la sua energia cinetica di traslazione fosse uguale all'energia termica calcolata in **a)**.

Strategia-Soluzione

Il problema può essere affrontato per **a)** tramite il calcolo del calore complessivo da sottrarre al vapore fino a convertirlo in ghiaccio, con due passaggi di stato, una condensazione vapore-liquido e una solidificazione liquido-solido e un raffreddamento da 100°C a 0°C. Utilizzeremo la legge del calore latente e la legge generale della calorimetria. Per **b)** si può utilizzare l'energia **cinetica traslazionale media**, relazione (25) punto 2.2.2.2.

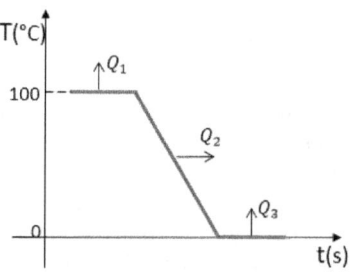

Figura 35

a) In riferimento alla Figura 35 il calore da sottrarre al vapore sarà dato dalla somma, in valore assoluto, di $Q_1 + Q_2 + Q_3$.

$$Q_1 = L_V m = 2260 \frac{kJ}{kg} 1,5kg \cong 3390kJ \qquad (1)$$

$$Q_2 = C_s m \Delta t = 4,186 \frac{kJ}{kg°C} 1,5kg \cdot 100°C \cong 628kJ \qquad (2)$$

$$Q_3 = L_f m = 334 \frac{kJ}{kg} 1,5kg \cong 501 \, kJ \qquad (3)$$

$$Q = (3390 + 628 + 501)kJ = 4519 \, kJ \cong 4,5 \, MJ \qquad (4)$$

b) Per rispondere al quesito posto si può applicare la (25) del punto 2.2.2.2:

---

[10] Esercizio ispirato all'esercizio n. 72 di "Corso di FISICA" (Walker, 2010 V.2, p. 553)

$$\overline{E_c} = \frac{1}{2} m \cdot v^2_{qm} \tag{5}$$

da cui risolvendo rispetto alla velocità quadratica media, si ha:

$$v = \sqrt{2 \frac{\overline{E_c}}{m}} = \sqrt{\frac{2 \cdot 4,5 \cdot 10^6 J}{1,5 kg}} \cong 2,45 \cdot \frac{10^3 m}{s} \tag{6}$$

20. [11]Un blocco di ghiaccio di 1,1 Kg si trova inizialmente ad una temperatura di -5,0°C.

    a) Se al ghiaccio viene fornita una quantità di calore pari a $5,2 \cdot 10^5 J$, qual è la temperatura finale del sistema? Determina la quantità di ghiaccio rimasta, se ne rimane.

    b) Supponi di raddoppiare la quantità di calore somministrata al ghiaccio. Di quale fattore dovrebbe essere aumentata la massa del ghiaccio per ottenere la stessa temperatura finale? Giustifica la risposta.

Figura 36

    c) Se la quantità di calore fornito al blocco di ghiaccio si dimezza, si determini la temperatura finale del corpo in questo caso e la quantità di ghiaccio rimasta, se ne rimane.

Strategia-Soluzione

Il blocco di ghiaccio di massa m assorbe una quantità di calore aumentando la propria temperatura da -5,0 °C ad una finale t da determinare. Nel quesito **a)** oltre alla richiesta della temperatura finale del sistema, viene richiesto se il blocco fonderà completamente o solo in parte. Il problema presenta due possibili casi: la fusione totale del blocco e la fusione parziale. Occorrerà principalmente valutare in quale delle due ipotesi ricade, pertanto occorrerà verificare se la quantità di calore fornito sarà sufficiente a fondere il blocco in toto o solo in parte e, in questo secondo caso, determinarne la massa residua, con la particolarità che la temperatura finale sarà quella di fusione 0°C. Se si verifica il primo caso, per determinare la temperatura finale occorrerà calcolare le quantità di calore scambiato con il blocco per portarlo:

I) alla temperatura di fusione;

---

[11] Pur essendo tratto da J.S. Walker, "La FISICA di Walker"- Linx Person Italia, il problema è stato integrato con altre richieste.

II) alla   fusione totale;

III) la differenza tra calore fornito al blocco e le quantità precedenti, da cui tramite la legge della calorimetria, si potrà determinare la temperatura cercata.

I punti **b)** e **c)** sono formalmente legati alla **a)**, quindi si potrà procedere come in **a)**.

a) Indicando con Q_1 e Q_2 le quantità di calore per portare il ghiaccio alla termperatura di fusione e quella per fonderlo integralmente, la loro somma ci fornisce la quantità di calore che confrontato con il quello fornito Q, ci consente di rispondere al quesito.

I) Q_1 sarà dato applicando la legge generale della calorimetria

$$Q_1 = m \cdot c_{s,g} \Delta t = m c_{s,g}(t_1 - t_0) \tag{1}$$

$$Q_1 = 1,1 \, Kg \ \cdot 2090 \frac{J}{Kg \cdot °C} \cdot [0 - (-5)]°C = 11495 \, J \cong 0,115 \times 10^5 J \tag{2}$$

II) Q_2 sarà dato dalla (32) applicata alla intera massa del blocco.

$$Q_2 = L_f \cdot m \tag{3}$$

$$Q_2 = 334 \cdot 10^3 \frac{J}{Kg} \cdot 1,1 \, Kg = 368500 J \cong 3,69 \times 10^5 J \tag{4}$$

La quantità di calore necessaria alla totale fusione del blocco sarà:

$$Q_f = Q_1 + Q_2 = (0,115 + 3,69) \cdot 10^5 J \cong 3,8 \cdot 10^5 J \tag{5}$$

III)   Valore inferiore ai $5,2 \cdot 10^5 J$, pertanto la differenza Q_3 innalzerà la temperatura dell'acqua fino al valore t che si potrà determinare applicando nuovamente la legge della calorimetria, con temperatura iniziale, quella di fusione $0°C$, pari a $273 K$.

Determiniamo Q_3

$$Q_3 = (5,2 - 3,8) \cdot 10^5 J = 1,4 \cdot 10^5 J \tag{6}$$

$$Q_3 = m \cdot c_{s,H_2O} \Delta t = m \cdot c_{s,H_2O}(t - t_1) = m \cdot c_{s,H_2O} t - m c_{s,H_2O} 273 \tag{7}$$

Risolvendo rispetto a t si ha:

$$t = \frac{Q_3 + m c_{s,H_2O} 273 K}{m c_{s,H_2O}} = 303,4 K = 30,4°C \tag{8}$$

b) Dal quesito **a)** possiamo dedurre che, raddoppiando il calore fornito, per mantenere la temperatura finale t costante, la massa dovrà raddoppiare.

La giustificazione è nei valori matematici:

$$Q_3 = 2Q - (Q_1 + Q_2) \tag{9}$$

Considerando la nuova massa m' nelle relazioni (1), (3) e (7) e sostituendo il tutto nella (9) si ha:

$$2Q - [m'c_{s,g}(t_1 - t_0) + L_f \cdot m'] = m'c_{s,H_2O}(t - t_1) \tag{10}$$

$$2Q = m'c_{s,g}(t_1 - t_0) + L_f \cdot m' + m'c_{s,H_2O}(t - t_1) \tag{11}$$

raccogliendo a fattore comune m' al secondo membro:

$$2Q = m'[c_{s,g}(t_1 - t_0) + L_f + c_{s,H_2O}(t - t_1)] \tag{12}$$

Questa equazione è del tutto analoga a quella che si avrebbe nel caso **a)** sommando la (1), la (3) e la (7) con la sola differenza della massa m in virtù di m':

$$Q = m[c_{s,g}(t_1 - t_0) + L_f + c_{s,H_2O}(t - t_1)] \tag{13}$$

Pertanto affinché la temperatura finale t rimanga la stessa dovrà risultare la (13) uguale alla (12) quindi che:

$$m' = 2m \tag{14}$$

c) Noti i valori di Q_1 e di Q_2, si evidenzia come $Q/2$ risulti:

$$\frac{Q}{2} < (Q_1 + Q_2) \tag{15}$$

pertanto il blocco fonderà solo in parte e la temperatura finale sarà quella di fusione $0°C$.

Per determinare la quantità di ghiaccio residuo possiamo calcolare la massa che si è fusa e poi sottrarla a quella totale della sostanza.

Il calore fornito al corpo durante la fase di fusione è pari a

$$Q_{f1} = \frac{Q}{2} - Q_1 \tag{16}$$

Dividendo la (16) per il calore latente di fusione dell'acqua L_f si ottiene la massa di ghiaccio fusa m_f:

$$m_f = \frac{\frac{Q}{2} - Q_1}{L_f} = \frac{\frac{5,2 \cdot 10^5 J}{2} - 1,15 \cdot 10^4 J}{3,35 \cdot 10^5 \frac{J}{Kg}} \cong 0,742 \, Kg \cong 0,74 \, Kg \tag{17}$$

Da cui la massa residua sarà:

$$m - m_f = 1{,}1\,Kg - 0{,}74\,Kg = 0{,}36\,Kg \cong 0{,}4\,Kg$$

CAPITOLO 3

LEGGI DELLA TERMODINAMICA
- ➤ I PRINCIPIO DELLA TERMODINAMICA
- ➤ II PRINCIPIO DELLA TERMODINAMICA
- ➤ MACCHINE TERMICHE-CARNOT
- ➤ ENTROPIA

3. LEGGI DELLA TERMODINAMICA

3.1. Introduzione

Il capitolo presenta una serie di esercizi sulle leggi che governano i processi termodinamici; in particolare il primo e secondo principio della termodinamica.

Il primo principio della termodinamica, attraverso il trasferimento di energia sotto forma di calore, ripropone la legge della conservazione dell'energia senza limitazioni alcuna.

Il secondo principio introduce un nuovo concetto della fisica cioè l'esistenza di una direzione nel comportamento della natura.

Il terzo principio introduce il concetto che lo zero assoluto è la più bassa temperatura possibile, anche se nessuno è mai riuscito a raggiungerlo, tutt'al più si è riusciti ad avvicinarlo.

Nel capitolo si propongono esercizi sulle trasformazioni termodinamiche, sulle macchine termiche, sul teorema di Carnot e sul concetto di entropia.

3.2. Richiami e formule

3.2.1. Primo principio della termodinamica

Diversi sono i modi di enunciare il primo principio, ne riportiamo uno per tutti.

In una trasformazione termodinamica non tutto il calore scambiato con un sistema si trasforma in lavoro, ma una parte di esso varia l'energia interna del sistema.

$$Q = L + \Delta U \quad o\ anche \quad \Delta U = Q - L \tag{1}$$

Si può affermare che il primo principio della termodinamica

- ribadisce il principio di conservazione dell'energia;
- mette in evidenza l'equivalenza tra forme di energia di calore e di lavoro;
- evidenzia l'esistenza di una grandezza di stato, detta energia interna.

Il primo principio ha dei limiti, infatti, non fornisce indicazioni sulle trasformazioni, riguardo a

- la loro evoluzione spontanea;
- il loro rendimento;
- la reale reversibilità di un fenomeno.

Alcune considerazioni sul primo principio

In una trasformazione termodinamica che porta il sistema da uno stato iniziale ad uno finale, le grandezze Q e L sono legate al tipo di trasformazione; ciò che invece è indipendente dalla trasformazione e quindi dal percorso seguito, è la differenza **Q-L**. Essa rappresenta pertanto una condizione di stato e quindi una proprietà del sistema, che identifichiamo come **energia interna** del sistema.

Se consideriamo un sistema rappresentato da un contenitore chiuso indeformabile, munito di pistone che viene bloccato, fornendo calore al sistema (assunto come positivo), l'energia interna del sistema, somma dell'energia cinetica e potenziale, aumenta di valore in base alla relazione seguente

$$U_f = U_i + Q \qquad (2)$$

Analogamente, se il sistema cede calore l'energia interna diminuisce.

Se il sistema è isolato, cioè non può scambiare calore con l'ambiente, sbloccando il pistone, esegue lavoro sull'ambiente esterno. Dobbiamo ammettere che l'energia necessaria a fare lavoro viene fatto a scapito dell'energia interna del sistema, quindi:

$$L = \Delta U = U_f - U_i \qquad (3)$$

Analogamente, se è il sistema a subire lavoro, l'energia interna aumenta.

Convenzionalmente si assumerà che il lavoro fatto dal sistema sarà positivo, mentre sarà negativo se viene eseguito sul sistema.

Lo schema di Figura 37 chiarisce quanto sopra detto.

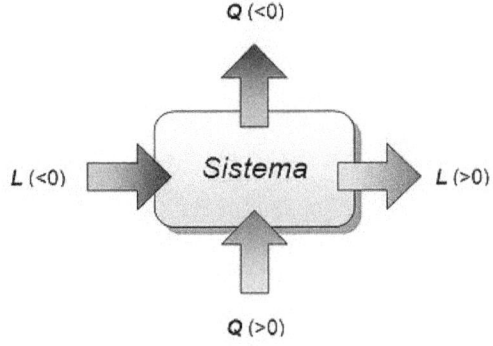

Figura 37

3.2.2. Trasformazioni

Trasformazione termodinamica: procedimento per cui un sistema passa da uno stato iniziale ad uno finale, individuato dai parametri di stato: pressione, volume e temperatura. Le trasformazioni possono essere di vario tipo: a pressione costante; volume costante; temperatura costante; adiabatiche (senza scambio di calore con l'ambiente esterno). Il lavoro è legato al tipo di percorso seguito.

3.2.2.1. Lavoro in una trasformazione

Le trasformazioni che implicano variazione di volume sono legate al lavoro fatto o subito dal sistema. Gran parte delle macchine termiche hanno un funzionamento legato all'espansione/compressione di un gas entro un cilindro che muove un pistone, come in Figura 38.

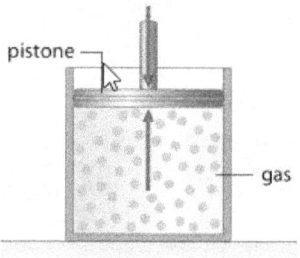

Figura 38

Su un piano *Pressione-Volume*, il lavoro fatto o subito dal sistema, è dato dall'area individuata dalla linea della trasformazione con l'ascissa *Volume*, così come evidenziato nella Figura 39 *(a)*, *(b)*, *(c)*, *(d)*, in cui si riportano alcune trasformazioni ed il relativo lavoro, eseguito o subito.

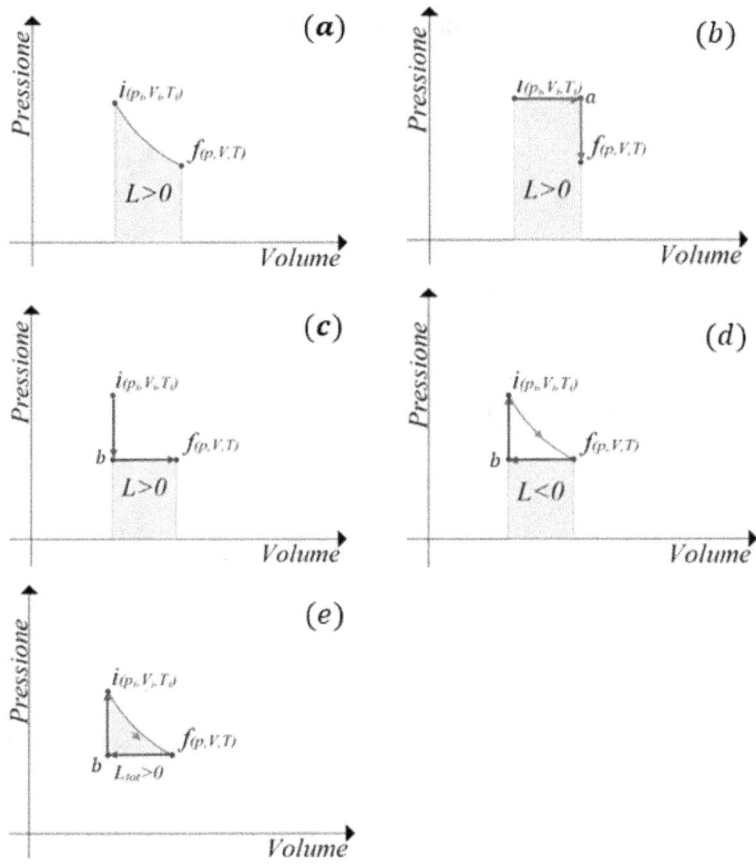

Figura 39

Nella Figura 39 si evidenzia come il lavoro dipende dal percorso seguito dalla trasformazione, fermo restando il punto iniziale e finale come in Figura 39 (*a*) o (*b*) o (*c*). Nella Figura 39 (*d*) ed (*e*) si ipotizza di riportare il sistema allo stato iniziale, tramite una compressione a pressione costante e una trasformazione a volume costante. Nella Figura 39 (*d*) si evidenzia come il lavoro risulti negativo, secondo la convenzione assunta in Figura 37, in quanto subita dal sistema. Nella (*e*) si evidenzia il lavoro complessivo dell'intero ciclo, nel nostro caso positivo essendo esso la differenza tra il lavoro della figura (*a*) *L>0* e il lavoro *L<0* della figura (*d*).

81

3.2.2.2. Trasformazioni a volume costante

Trasformazione Isocora

$$V = costante$$

$$(\Delta V) = 0 \quad \Rightarrow \quad L = 0$$

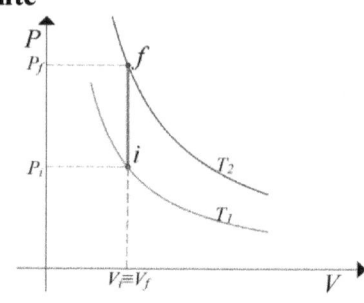

Figura 40

3.2.2.3. Trasformazione a pressione costante

Trasformazione Isobara

$$p = costante$$

$$L = p(\Delta V) \qquad (5)$$

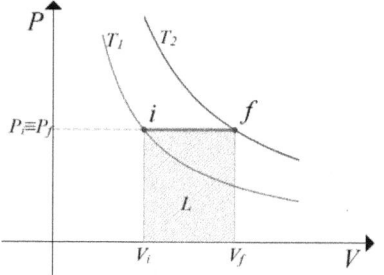

Figura 41

3.2.2.4. Trasformazione isoterma

Temperatura costante

$$T = costante$$

$$\Delta T = 0 \quad \Rightarrow \quad \Delta U = 0 \quad \Rightarrow L = Q$$

In riferimento alla Figura 42, il lavoro effettuato dall'espansione del gas è dato dall'area sottesa dalla funzione $p=f(V)$ tra i punti i ed f, rispettivamente stato iniziale e finale del gas. Dati n moli di gas ideale, dalla legge dei gas perfetti, la funzione relativa alla pressione sarà

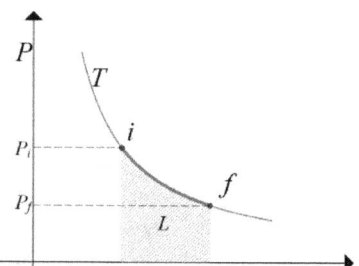

Figura 42

$$p = \frac{nRT}{V} \qquad (6)$$

Considerando incrementi infinitesimi di volume dV, per i quali si potrà considerare la pressione costante, il lavoro per ognuno di essi sarà dato da:

$$dL = pdV \qquad (7)$$

Per cui il lavoro complessivo tra i punti considerati sarà dato integrando la (7).

$$L = \int_{V_i}^{V_f} pdV \qquad (8)$$

La soluzione della (8) [12] è:

$$L = Q = nRT \cdot \ln\left(\frac{V_f}{V_i}\right) \qquad (9)$$

3.2.2.5. Trasformazione adiabatica

Senza scambio di calore con l'ambiente esterno per cui si ha:

$$Q = 0 \;\Rightarrow\; L = -\Delta U \qquad (10)$$

In riferimento alla Figura 43 il lavoro effettuato dall'espansione è dato dall'area della figura sottesa dalla funzione $p=f(V)$, fatta a scapito dell'energia interna.

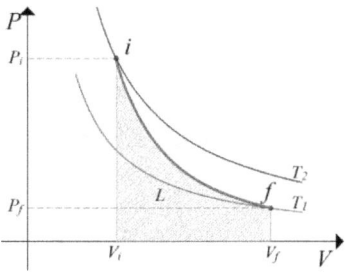

Figura 43

---

[12] Si riporta per completezza la dimostrazione della relazione per il lavoro di una isoterma. Destinata a chi ha già affrontato il calcolo integrale.

$$L = \int_{V_i}^{V_f} \frac{nRT}{V} dV = nRT \int_{V_i}^{V_f} \frac{dV}{V} = nRT \cdot \ln\left(\frac{V_f}{V_i}\right)$$

3.2.3. Calori specifici in un gas ideale a pressione costante e a volume costante

Nel capitolo 1, punto 1.2.2 avevamo richiamato il concetto di calore specifico di una sostanza come

la quantità di calore necessaria per innalzare la temperatura di una unità di massa di 1 °C o di 1 K.

Questa definizione corretta per solidi e liquidi, trova un limite nei gas, in quanto essi possono scambiare calore in due diversi modi a pressione costante o a volume costante.

3.2.3.1. Calore specifico molare a volume costante

Dal primo principio della termodinamica

$$\Delta U = Q - L \quad essendo \ \ L = p(\Delta V) = 0 \quad \Rightarrow \quad \Delta U = Q \qquad (11)$$

Ricordando inoltre la (7) cap. 1 si potrà scrivere

$$Q = c_V m \Delta T \qquad (12)$$

Inoltre per un gas essendo $m = nM$ sostituendo nella (12) si ha:

$$Q = c_V n M \Delta T = n C_V \Delta T \qquad (13)$$

dove C_V è il calore specifico molare a volume costante di un gas ideale

$C_V = c_V M$; dalla (13) tenuto conto della (11) si ricava la relazione:

$$C_V = \frac{Q}{n\Delta T} = \frac{\Delta U}{n\Delta T} \qquad (14)$$

Per cui generalizzando, l'energia interna di un gas ideale sarà data dalla relazione

$$U = n C_V T \qquad (15)$$

Dalla teoria cinetica dei gas, relazione (29) cap. 2, relativa all'energia interna di un gas ideale la sua variazione sarà data da:

$$\Delta U = \frac{3}{2} n R \Delta T \qquad (16)$$

Sostituendo la (16) nella (14) per un gas monoatomico, come elio, argon, ecc., si ha:

$$C_V = \frac{3}{2} R \qquad (17)$$

3.2.3.2. Calore specifico molare a pressione costante

Se la trasformazione subita dal gas è isobara il calore è legato alla variazione di temperatura dalla relazione analoga alla (13)

$$Q = nC_p\Delta T \quad ^{13} \tag{18}$$

Applicando la prima legge della termodinamica si ottiene:

$$\Delta U = Q - L = Q - p(\Delta V) \quad \Rightarrow \quad Q = \Delta U + p(\Delta V) \tag{19}$$

Eguagliando la seconda delle (19) con la (18), tenuto conto della (16) e ricordando la legge dei gas perfetti, si ha:

$$nC_p\Delta T = nC_V\Delta T + nR\Delta T \tag{20}$$

Semplificando per $n\Delta T$ la (20) diventa:

$$C_p = C_V + R \tag{21}$$

Per un gas monoatomico il valore del calore specifico molare a pressione costante sarà:

$$C_p = \frac{3}{2}R + R = \frac{5}{2}R \tag{22}$$

Tabella 6 – calori specifici molari di alcuni gas

molecola	Gas		CV	Cp
Monoatomica	Ideale		3/2 R=12,5	5/2R=
	Elio	He	3/2 R=12,5	5/2R
	Argon	Ar	3/2 R=12,5	5/2R
Biatomica	Ideale		5/2 R=20,8	7/2 R
	Azoto	N_2	5/2 R=20,7	7/2 R
	Ossigeno	O_2	5/2 R=20,8	7/2 R
Poliatomica	Ideale		3R =24,9	4R
	Anidride carbonica	CO_2	29,7	4R
	Ossido di carbonio	NH_4	29,0	4R

---

[13] Ricavando $C_p = \frac{Q}{n\Delta T}$ e considerando che $Q = \Delta U + p(\Delta V)$, si evince chiaramente come $C_p > C_V$

3.2.4. Il secondo principio della termodinamica

Come si è già detto nell'introduzione del capitolo, Il secondo principio introduce un nuovo concetto della fisica cioè l'esistenza di una direzione nel comportamento della natura. Diversi sono gli esempi in cui pur non venendo meno al principio della conservazione dell'energia, quindi al primo principio della termodinamica, si evidenzia la irreversibilità di un processo, tuttavia, si introduce una nuova grandezza che definisce la direzione del processo. Essa è l'**entropia** del sistema che rappresenta oggi uno dei concetti fondamentali della termodinamica.

Il secondo principio ha incontrato una certa diffidenza prima di essere accettato definitivamente. Il suo sviluppo è dovuto al lavoro svolto da alcuni grandi della fisica, Kelvin, Clausius, Carnot che furono i primi a formularlo e svilupparlo nel corso di circa trent'anni.

Le trasformazioni energetiche hanno un verso

Se è sempre possibile convertire completamente lavoro in calore, non è possibile, in pratica, convertire completamente calore in lavoro meccanico senza modificare l'ambiente circostante.

Se azioniamo i freni di una vettura fino a fermarla, i dischi si riscaldano e l'energia meccanica posseduta si trasforma completamente in calore; viceversa, qualunque quantità di calore si possa fornire ai freni, non si riuscirà in nessun caso a rimettere in moto la vettura. La natura fissa un **verso privilegiato** alle trasformazioni energetiche.

Il calore non fluisce spontaneamente da un corpo più freddo ad uno più caldo.

Espansione libera di un gas

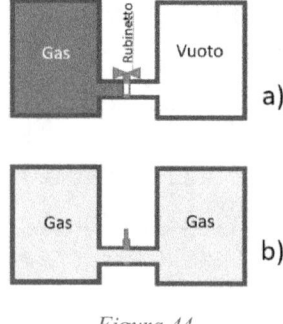

Figura 44

a) Aprendo il rubinetto sul collegamento dei due serbatoi di Figura 44, il gas contenuto nel serbatoio di sinistra si espande in modo da occupare il volume di entrambi i serbatoi, Figura 44-b). Questo è un processo irreversibile, in quanto spontaneamente il gas non può ritornare interamente nel serbatoio iniziale.

b) Un processo di trasformazione integrale del calore in lavoro meccanico è possibile. Facendo riferimento, ad esempio, ad una espansione isotermica di un gas, in cui la temperatura è costante, quindi non c'è variazione di energia interna del sistema e il lavoro è

$L = Q$.

In una tale trasformazione lo stato iniziale e finale del sistema è ben diverso; all'aumento del volume corrisponde una diminuzione di pressione fino ad equilibrarsi con l'ambiente esterno. Questo processo si arresta quando questo equilibrio viene raggiunto, pertanto non potrà essere ripetuto indefinitamente. Se si vuole continuare a trasformare calore in lavoro meccanico, bisogna riportare il sistema nelle condizioni iniziali cioè farne un ciclo, che non può avvenire spontaneamente.

Il secondo principio della termodinamica, enunciato in diversi modi che mettono in risalto un particolare aspetto, ma equivalenti tra loro. Tutti si rifanno principalmente agli enunciati di Kelvin-Plank e Clausius. Quello che rappresenta una matrice comune è che **l'entropia del sistema aumenta in ogni processo reale**.

Enunciato di Kelvin-Planck:

È impossibile costruire una macchina operante secondo un processo ciclico che trasformi in lavoro tutto il calore estratto da una sorgente a temperatura uniforme e costante nel tempo.

O nella forma più in generale

Non è possibile realizzare una trasformazione il cui unico risultato sia la conversione di calore in lavoro prelevato da una sola sorgente.

L'enunciato evidenzia che non possa esistere una macchina come in Figura 45.

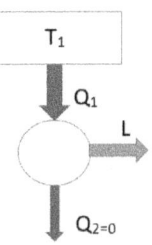

Figura 45

Enunciato di Clausius

È impossibile costruire una macchina operante secondo un processo ciclico il cui unico risultato sia il trasferimento di energia termica da un corpo a temperatura inferiore ad un corpo a temperatura superiore.

O nella forma più in generale

Non è possibile realizzare una trasformazione il cui unico risultato sia il passaggio di calore da un serbatoio ad una data temperatura a un altro a temperatura maggiore.

L'enunciato evidenzia come non possa esistere un sistema come Figura 46, che avvenga spontaneamente.

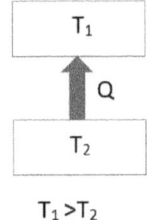

$T_1 > T_2$

Figura 46

87

3.2.4.1. Trasformazione adiabatica

Riprendendo la trasformazione adiabatica del punto **3.2.2.5**, si potrà constatare come i calori specifici Cp e Cv siano determinanti per un gas che segue una tale trasformazione in cui non c'è scambio di calore con l'ambiente esterno.

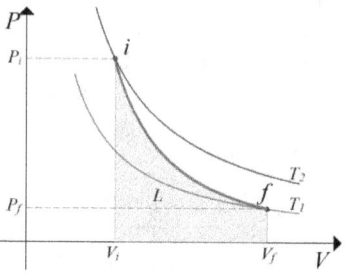

Figura 47

$$Q = 0 \;\Rightarrow\; L = -\Delta U \qquad (23)$$

Da tali posizioni, inserendo il termine $\gamma = C_{p/c_v}$ e attraverso il calcolo integrale[14], si arriva alla relazione

$$pV^\gamma = costante \qquad (24)$$

o anche

$$TV^{\gamma-1} = costante \qquad (25)$$

Per completezza, si riporta la dimostrazione della (24) e (25).

Scomponendo l'area di Figura 47 in strisce di base ΔV il lavoro sarà dato da

$$L = p\Delta V = -\Delta U \qquad (26)$$

Esplicitando i termini della (26) e ricordando la legge dei gas perfetti, otteniamo

$$\frac{nRT}{V}\Delta V = -nC_V\Delta T \qquad (27)$$

Semplificando la (27) si potrà anche scrivere come

$$R\frac{\Delta V}{V} = -C_V\frac{\Delta T}{T} \qquad (28)$$

Passando a valori infinitesimi e integrando otteniamo

$$\int_{V_i}^{V_f}\frac{dV}{V} = -\frac{C_V}{R}\int_{T_i}^{T_f}\frac{dT}{T} \qquad (29)$$

$$\ln\left(\frac{V_f}{V_i}\right) = -\frac{C_V}{R}\ln\left(\frac{T_f}{T_i}\right) = \ln\left(\frac{T_f}{T_i}\right)^{-\frac{C_V}{R}} = \ln\left(\frac{T_i}{T_f}\right)^{\frac{C_V}{R}} \qquad (30)$$

---

[14] Se il calcolo integrale si è già svolto.

Ricordando la (21) si può ricavare R

$$R = C_p - C_V \tag{31}$$

che sostituito nella relazione $\frac{C_V}{R}$ otteniamo:

$$\frac{C_V}{R} = \frac{C_V}{C_p - C_V} = \frac{\dfrac{C_V}{C_V}}{\dfrac{C_p}{C_V} - \dfrac{C_V}{C_V}} = \frac{1}{\dfrac{C_p}{C_V} - 1} = \frac{1}{\gamma - 1} \tag{32}$$

Per cui la (30) si può scrivere:

$$\frac{V_f}{V_i} = \left(\frac{T_i}{T_f}\right)^{\frac{1}{\gamma - 1}} \tag{33}$$

Elevando entrambi i membri a $(\gamma - 1) si\ ha$:

$$\left(\frac{V_f}{V_i}\right)^{\gamma-1} = \frac{T_i}{T_f} \quad \Rightarrow \quad T_i\, V_i^{\gamma-1} = T_f\, V_f^{\gamma-1} \tag{34}$$

ovvero

$$TV^{\gamma-1} = costante$$

Analogamente, servendoci della legge dei gas ideali, potremmo scrivere:

$$p_iV_i = nRT_i \quad e \quad p_fV_f = nRT_f \tag{35}$$

Dividendo il primo per il secondo si ha:

$$\frac{p_iV_i}{p_fV_f} = \frac{T_i}{T_f} \tag{36}$$

Sostituendo il secondo membro con la prima delle (34) otteniamo:

$$\frac{p_iV_i}{p_fV_f} = \left(\frac{V_f}{V_i}\right)^{\gamma-1} \quad \Rightarrow \quad \frac{p_i}{p_f} = \left(\frac{V_f}{V_i}\right)^{\gamma-1} \cdot \left(\frac{V_f}{V_i}\right)^{1} = \left(\frac{V_f}{V_i}\right)^{\gamma} \tag{37}$$

ovvero

$$p_iV_i^{\gamma} = p_fV_f^{\gamma} = costante \tag{39}$$

3.2.5. Macchine termiche e ciclo di Carnot

3.2.5.1. Rendimento di una macchina

Si definisce rendimento o fattore di efficienza di una macchina termica che opera ciclicamente tra due sorgenti, il rapporto tra il lavoro L eseguito dalla macchina e il calore Q_1 fornito dalla sorgente a temperatura maggiore.

$$\eta = \frac{L}{Q_1} \qquad (40)$$

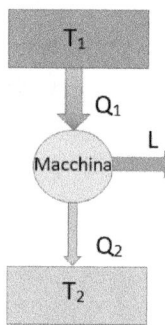

Una macchina termica può essere schematizzata come in Figura 48; essa preleva calore da una sorgente calda a temperatura T_1. Una parte di esso viene trasformato in lavoro meccanico e una parte ceduto ad una sorgente fredda a temperatura T_2 come calore **degradato**.

La (40) si potrà scrivere come:

$$\eta = \frac{Q_1 - Q_2}{Q_1} = 1 - \frac{Q_2}{Q_1} \qquad (41)$$

Figura 48- schema di macchina termica

Dalla (41) si evince come il rendimento di una macchina sia sempre inferiore ad 1, in quanto, in accordo con l'enunciato di Kelvin-Planck, sarà sempre:

$$Q_2 > 0 \quad \Rightarrow \quad Q_1 - Q_2 < Q_1 \qquad (42)$$

D'altronde ammettere che il rendimento di una macchina possa essere uguale all'unità, significherebbe ammettere che tutta l'energia sottratta alla sorgente calda possa essere trasformata in lavoro, in contrasto con l'enunciato di Kelvin.

Si può concludere inoltre, che per ottenere il massimo rendimento di una macchina termica che lavora tra due sorgenti a temperatura T_1 e T_2 si dovrebbero concretizzare alcuni presupposti:

a) eliminare ogni forma di attrito, in modo da non perdere lavoro utile;
b) avvicinarsi il più possibile a trasformazioni reversibili.

Dai presupposti considerati, si può dedurre che il massimo rendimento di una macchina termica si ha per condizioni ideali e solo quando essa può operare un ciclo di trasformazioni reversibili, come quella ipotizzata da Carnot.

3.2.5.2. Reversibilità ed irreversibilità

In termodinamica, si definisce trasformazione reversibile una trasformazione ideale che può essere invertita, riportando il sistema nelle condizioni iniziali senza scambio di energia con l'ambiente esterno e in cui, sono nulli gli effetti degli attriti, della viscosità, dell'effetto joule, ecc. In altri termini, una trasformazione è reversibile se può essere percorsa in senso inverso senza lasciare traccia alcuna né nel sistema né nell'ambiente circostante.

Alla luce di tutto ciò, appare evidente la irreversibilità delle trasformazioni reali e come il secondo principio della termodinamica ponga i limiti al primo principio.

3.2.5.3. Ciclo di Carnot

L'ingegnere Sadi Carnot nel 1824, enuncia quello che oggi viene chiamato **teorema di Carnot**; si occupa di una macchina ideale di massimo rendimento che operi tra due sorgenti termiche a temperatura T_1 e T_2. Il ciclo, riportato in Figura 49, Figura 19 è composto da due isoterme e due adiabatiche reversibili.

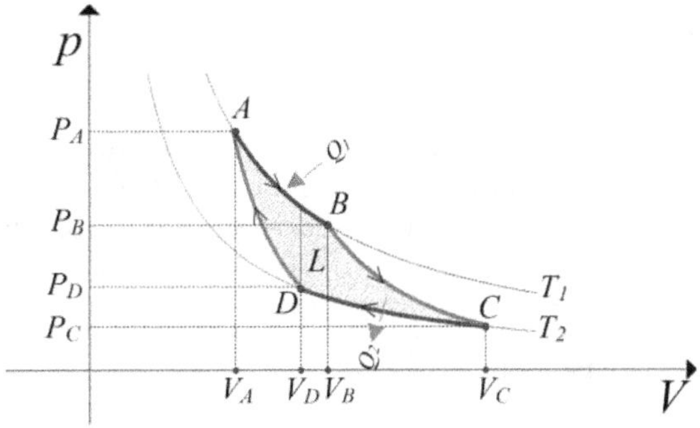

Figura 49

Teorema di Carnot

il rendimento di una macchina termica operante tra due sorgenti (T_1 e T_2) è massimo quando il fluido impiegato compie trasformazioni reversibili. Tutte le macchine reversibili che operano tra le temperature T_1 e T_2 hanno lo stesso rendimento e qualsiasi altra macchina non può avere rendimento maggiore.

$$\eta = \frac{T_1 - T_2}{T_1} = 1 - \frac{T_2}{T_1} \qquad (43)$$

Ricordando la (41) e in base al teorema di Carnot, il rendimento dipende dalle sole temperature T_1 e T_2, allora anche il rapporto tra Q_1 e Q_2 deve dipendere dalle sole temperature. Kelvin suggerì di eguagliare il rapporto tra le temperature delle due sorgenti con quello dei calori scambiati per sfruttare il rendimento di una macchina termica ai fini della misura della temperatura.

$$\frac{T_2}{T_1} = \frac{Q_2}{Q_1} \tag{44}$$

Dalla (43) si può dedurre che supponendo di poter costruire una macchina ideale, perfettamente reversibile e senza alcun tipo di attrito, essa non avrebbe comunque un rendimento del 100%. Infatti una tale condizione dovrebbe avere $T_2=0K$ (lo zero assoluto), condizione in contrasto con quello che viene chiamato terzo principio della termodinamica.

Concludendo, possiamo osservare come il teorema di Carnot sia una conseguenza del secondo principio della termodinamica.

3.2.5.4. Macchine termiche: frigoriferi, condizionatori, pompe di calore

L'enunciato di Clausius, per il secondo principio della termodinamica, asserisce che il calore passa spontaneamente da una sorgente a temperatura maggiore a quella a temperatura minore. Perché succeda il contrario occorre eseguire lavoro sul sistema ($L<0$); questo accade nelle macchine frigorifere, condizionatori, pompe di calore.

Si riportano alcuni schemi di macchine termiche di raffreddamento e riscaldamento.

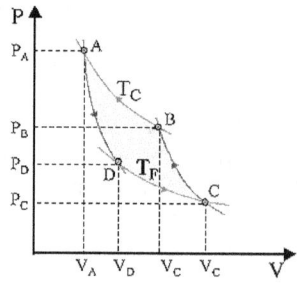

Figura 50

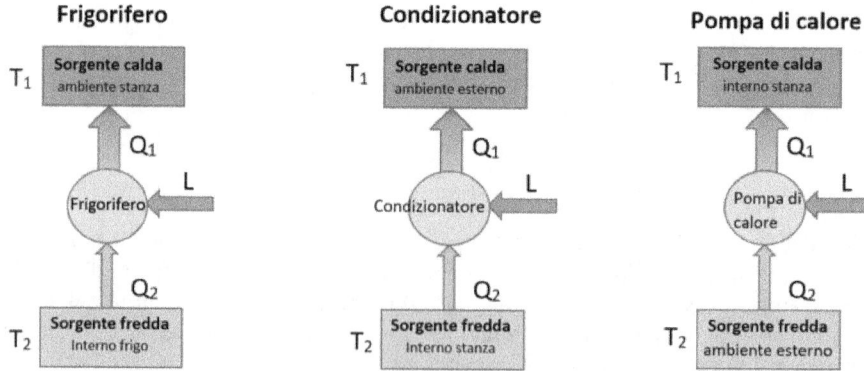

Figura 51

Per i frigoriferi, come i condizionatori e le pompe di calore, si assorbe una quantità di calore Q_2 dalla sorgente fredda e si riversa una quantità Q_1 alla sorgente calda, utilizzando un lavoro esterno L. In queste macchine termiche si parlerà di efficienza ε della macchina, detto anche **COP** (*coefficient of performance*).

Frigorifero e condizionatore

Per il frigorifero ed il condizionatore (che altro non è che un frigo nella quale la sorgente fredda è la stanza che dobbiamo raffreddare e quella calda è l'ambiente esterno), il coefficiente di efficienza sarà dato dalla relazione

$$\varepsilon = \frac{Q_2}{L} \tag{45}$$

Nella macchina frigorifera di Carnot l'equazione diventa

$$\varepsilon = \frac{Q_2}{Q_1 - Q_2} = \frac{T_2}{T_1 - T_2} \tag{46}$$

Pompa di calore

Si può pensare ad una pompa di calore, come ad un condizionatore in cui invertiamo le sorgenti, infatti, attraverso un lavoro, la pompa rimuove una quantità di calore dalla sorgente fredda (ambiente esterno), cedendo una quantità di calore alla sorgente calda (interno della stanza). Il coefficiente ε sarà dato dalla relazione

$$\varepsilon = \frac{Q_1}{L} \tag{47}$$

Essendo

$$Q_1 = L + Q_2 \tag{48}$$

continua a valere la relazione di Carnot per una macchina ideale

$$\frac{Q_2}{Q_1} = \frac{T_2}{T_1} \tag{49}$$

e in tale caso il lavoro della pompa di calore sarà:

$$L = Q_1 - Q_2 \quad \Rightarrow \quad \frac{L}{Q_1} = 1 - \frac{Q_2}{Q_1} = 1 - \frac{T_2}{T_1} \tag{50}$$

$$L = Q_1 \left(1 - \frac{T_2}{T_1}\right) \tag{51}$$

o anche tenuto conto della (47):

$$\frac{1}{\varepsilon} = 1 - \frac{T_2}{T_1} = \frac{T_1 - T_2}{T_1} \quad \Rightarrow \quad \varepsilon = \frac{T_1}{T_1 - T_2} \tag{52}$$

93

3.2.6. Entropia

Abbiamo visto come gli eventi naturali avvengono in una giusta direzione, in modo tale che se osservassimo uno dei tanti fenomeni naturali avvenire spontaneamente in direzione sbagliata, ne saremmo stupiti. Il blocco di massa *m* lanciato su di una superficie scabra, rallenta la sua corsa fino a fermarsi per l'interazione con il piano, trasformando energia cinetica in calore e quindi aumentando la temperatura e l'energia interna del blocco e del piano. Il fenomeno inverso, rimettere il blocco, ormai in quiete, in moto, cioè il recuperare dell'energia interna del blocco e del piano per ritrasformarla in cinetica non è possibile. Questo non è, come già affermato in precedenza, in contrasto con il primo principio della termodinamica, ma non avviene spontaneamente. Possiamo concludere che la direzione in cui i trasferimenti di energia, in un sistema chiuso, avvengono è stabilito da una nuova grandezza chiamata **entropia**.

Il secondo principio della termodinamica, può essere riformulato attraverso la variazione della grandezza entropia. Tale variazione spiega i vari fenomeni precedentemente riportati.

Ripartendo dalla relazione (44) per una macchina reversibile di Carnot:

$$\frac{T_2}{T_1} = \frac{Q_2}{Q_1} \quad \Rightarrow \quad \frac{Q_1}{T_1} = \frac{Q_2}{T_2} \tag{45}$$

Il rapporto Q/T la cui unità di misura nel S.I. è *Joule/Kelvin*, è uguale sia per la sorgente calda che per quella fredda.

Considerando le quantità di calore come grandezze algebriche e rispettando le convenzioni introdotte per il calore scambiato, la (45) può essere scritta nella forma:

$$\frac{Q_1}{T_1} + \frac{Q_2}{T_2} = 0 \tag{45'}$$

La (45') afferma che la somma algebrica dei rapporti tra gli scambi termici e le relative temperature è uguale a zero.

Essa può essere estesa ad un ciclo di trasformazioni qualsiasi (reversibili), pertanto per un processo ciclico reversibile si dimostra che l'entropia del sistema non cambia:

$$\sum_{rev} \frac{Q_i}{T_i} = 0 \tag{47}$$

Si può dimostrare che la (47) non dipende dal percorso seguito per andare dal punto iniziale 1 a quello finale 2, ma solo dagli stati iniziale e finale. Ciò significa che esso rappresenta una funzione di stato che viene chiamata **entropia** indicata con S.

Si potrà pertanto scrivere:

$$\sum_{1-2} \frac{Q_i}{T_i} = \Delta S = S_f - S_i \tag{48}$$

Questo rapporto rappresenta la variazione di entropia ΔS; vale per trasformazioni reversibili e in base alle convenzioni scelte per il calore, possiamo affermare che, se forniamo calore al sistema $Q>0$ l'entropia aumenta, se sottraiamo calore al sistema $Q<0$ l'entropia diminuisce. Si può dire che

la variazione di entropia dipende solo dagli stati iniziale e finale e non dal percorso seguito, pertanto l'entropia è una funzione di stato.

Ciò vale anche quando abbiamo una trasformazione irreversibile, utilizzando il calcolo per una o più trasformazioni reversibili che collegano gli stessi stati, iniziale e finale.

Si può dimostrare la validità con la cosiddetta disuguaglianza di Clausius

$$\sum_{irr} \frac{Q_i}{T_i} \leq 0 \tag{46}$$[15]

Per un processo ciclico reversibile si dimostra che l'entropia del sistema non cambia:

$$\sum_{rev} \frac{Q_i}{T_i} = 0 \tag{47}$$

$$\Delta S = 0 \tag{48}$$

Mentre per una macchina reale, cioè irreversibile la variazione di entropia è maggiore di zero

$$\Delta S > 0 \tag{49}$$

In generale per una qualsiasi trasformazione aperta tra stato iniziale e finale possiamo affermare che l'entropia aumenta.

$$\sum_i \frac{Q_i}{T_i} < S_f - S_i \quad \Rightarrow \quad S_f - S_i > 0 \quad \Rightarrow \quad S_f > S_i \tag{50}$$

---

[15] In termini differenziali: $\oint \frac{dQ}{T} \leq 0$

Calcolo della variazione entropica

Si può dimostrare che l'entropia sia una funzione di stato quindi dipende, come precedentemente detto, solo dagli stati iniziale e finale del processo. Il calcolo della variazione entropica è dato dalla relazione:

$$\Delta S = S_f - S_i = nR \ln \frac{V_f}{V_i} + nC_V \ln \frac{T_f}{T_i} \tag{51}$$

Per completezza si riporta la dimostrazione della (51).

Una trasformazione reversibile va svolta per piccoli passi, tale che il gas risulti in equilibrio al termine di ogni passo. Per valori infinitesimi, si ha che il calore scambiato dQ, il lavoro svolto dL e la variazione dell'energia interna dU sono legate dalla prima legge della termodinamica:

$$dU = dQ - dL \tag{52}$$

Essendo inoltre il lavoro svolto per piccoli incrementi dV, si potrà ritenere per ogni equilibrio la pressione p costante, quindi $dL=pdV$, mentre, come precedentemente determinato $dU=nC_VdT$. Sostituite entrambe nella (52) la stessa si può scrivere nel modo seguente:

$$dQ = pdV + nC_V dT \tag{53}$$

Ricavando la p dalla legge dei gas perfetti otteniamo:

$$dQ = \frac{nRT}{V} dV + nC_V dT \tag{54}$$

o anche

$$\frac{dQ}{T} = nR \frac{dV}{V} + nC_V \frac{dT}{T} \tag{55}$$

Integrando tra i ed f abbiamo:

$$\int_i^f \frac{dQ}{T} = nR \int_i^f \frac{dV}{V} + nC_V \int_i^f \frac{dT}{T} \tag{56}$$

$$\Delta S = S_f - S_i = nR \ln \frac{V_f}{V_i} + nC_V \ln \frac{T_f}{T_i} \tag{57}$$

c.v.d.

3.3. Esercizi

Primo principio termodinamica

1. Un gas viene sottoposto al ciclo di Figura 52. Determinare il calore netto assorbito dal sistema nell'intero ciclo.

Strategia-Soluzione

La prima considerazione da fare è che trattandosi di una trasformazione ciclica la variazione dell'energia interna è nulla quindi $\Delta U=0$, per cui applicando il primo principio della termodinamica abbiamo:

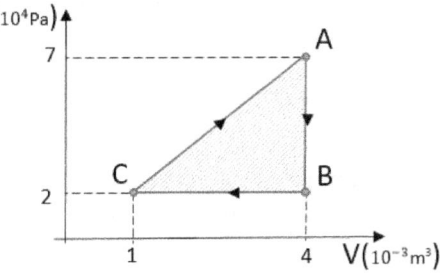

$$\Delta U = Q - L = 0 \qquad (1)$$

Figura 52

Da cui si ha che il calore cercato è uguale al lavoro netto eseguito nel ciclo, pari all'area del triangolo ABC.

$$Q = L = \frac{(4-1)10^{-3}m^3(7-2)10^4 Pa}{2} = 75J \qquad (2)$$

2. Un gas all'interno di una camera percorre il ciclo mostrato dalla Figura 53. Si determini il calore totale fornito al sistema durante la trasformazione CA se il calore Q_{AB} fornito durante la trasformazione AB è 20,0J, considerando che durante la trasformazione BC non si ha alcun trasferimento di calore e che il lavoro totale compiuto durante il ciclo è 15,0 J.
(Halliday, et al., Rist. 2012 p. 433)

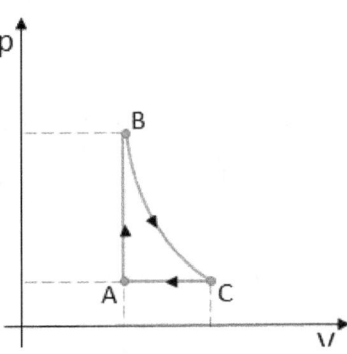

Figura 53

Strategia-Soluzione

La prima considerazione da fare è che la trasformazione CA è una compressione isobara, per cui il calore verrà ceduto dal sistema. Inoltre trattandosi di un ciclo non c'è variazione di energia interna. Dalla prima legge della termodinamica applicata all'intero ciclo si ha che il calore netto sarà uguale al lavoro netto eseguito nel ciclo, da cui, si potrà pertanto ottenere il calore richiesto.

Per l'intero ciclo si ha:

$$Q - L = \Delta U = 0 \qquad (1)$$

$$Q = L \qquad (2)$$

Ricordando che nella trasformazione BC non c'è scambio di calore si può esplicitare la (2):

$$Q_{AB} + Q_{CA} = L \quad \Rightarrow \quad Q_{CA} = L - Q_{AB} = (15,0 - 20,0)J = -5,0J \qquad (3)$$

3. Una mole di gas ideale subisce trasformazioni che dalle condizioni iniziali del punto A, con pressione $p_A = 2,0 \cdot 10^5$ Pa e volume $V_A = 25,0 \cdot 10^{-3}$ m^3 viene portato al punto finale B, con la pressione e volume raddoppiati, seguendo le trasformazioni di Figura 54. Determinare:

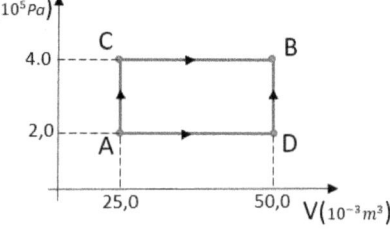

a) Il lavoro eseguito nelle trasformazioni nei due percorsi;

b) L'energia interna di B (U_B), nell'ipotesi che sia $U_A = 3,5 \cdot 10^4$J e $Q_{ADB} = 2,5 \cdot 10^4$ J;

Figura 54

c) La quantità di calore lungo il percorso ADB.

Strategia-Soluzione

Per determinare il lavoro richiesto da **a)** si può ricorrere al concetto dell'area individuata dalla trasformazione sul piano *p-V*. Si può ricorrere al primo principio della termodinamica per i punti **b)** e **c)**.

a) Calcolo del lavoro nei due percorsi ACB e ADB.

Essendo la trasformazione AC una isocora il lavoro è uguale a zero, per cui si ha:

$$L_{ACB} = L_{CB} = p_C(V_B - V_C) = 4,0 \cdot 10^5 Pa(50,0 - 25,0)m^3 = 1 \cdot 10^4 J \qquad (1)$$

Anche nel secondo percorso la trasformazione DB è una isocora, con L=0, per cui si ha:

$$L_{ADB} = L_{AD} = p_A(V_C - V_A) = 2,0 \cdot 10^5 Pa(50,0 - 25,0)m^3 = 0,5 \cdot 10^4 J \quad (2)^{16}$$

b) Applicando la prima legge della termodinamica nella trasformazione ADB, di cui si conosce il calore fornito, si può determinare la variazione di energia interna subita dal gas tra i punti A e B.

$$\Delta U_{AB} = Q_{ACB} - L_{ACB} = 2,5 \cdot 10^4 J - 1 \cdot 10^4 J = 1,5 \cdot 10^4 J \quad (3)$$

Inoltre essendo

$$\Delta U_{AB} = U_B - U_A \quad \Rightarrow \quad U_B = \Delta U_{AB} + U_A = (1,5 + 3,5) \cdot 10^4 J = 5,0 \cdot 10^4 J \, (4)$$

c) La quantità di calore per la trasformazione ADB sarà ancora determinata tramite la prima legge della termodinamica.

$$Q_{ADB} = \Delta U_{AB} + L_{ADB} = 1,5 \cdot 10^4 J + 0,5 \cdot 10^4 J = 2,0 \cdot 10^4 J \quad (5)$$

4. Un gas viene sottoposto ad una trasformazione ciclica come quella mostrata in Figura 55. Nella trasformazione isocora AB e isobara BC vengono cedute al sistema rispettivamente le quantità di calore $Q_{AB} = 500J$ e $Q_{BC} = 300J$. Determinare:

a) La variazione dell'energia interna nella trasformazione A→B;

b) La variazione dell'energia interna nella trasformazione A→B→C;

c) La quantità di calore introdotta nel sistema nella trasformazione A→D → C.

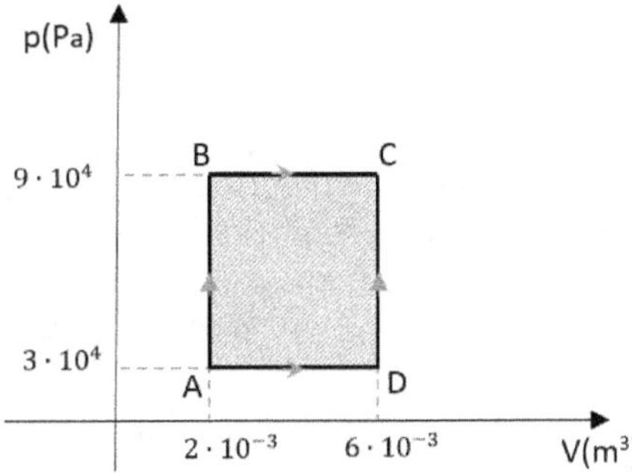

Figura 55

Strategia-Soluzione

Si potrà procedere applicando il primo principio della termodinamica alle quattro trasformazioni che compongono il ciclo.

a) Essendo tale trasformazione isocora $\Delta V=0$ il lavoro L_{AB} è nullo.

---

[16] Ancora una volta, si evidenzia come il lavoro in una trasformazione dipende dal percorso seguito, infatti pur coincidendo i punti iniziale e finale delle trasformazioni il lavoro nel primo percorso è il doppio del secondo.

$$\Delta U_{AB} = Q_{AB} = 500J \tag{1}$$

b) Questa trasformazione ingloba la precedente, per cui il lavoro compiuto dal sistema viene eseguito solo nella isobara BC ed è dato da:

$$L_{BC} = p \cdot \Delta V = 9 \cdot 10^4 \cdot (6 - 2) \cdot 10^{-3} = 360J \tag{2}$$

quindi la variazione dell'energia interna per la trasformazione A→B→C si determina applicando il primo principio, ossia

$$\Delta U_{ABC} = Q - L \tag{3}$$

$$\Delta U_{ABC} = (500 + 300)J - 360J = 440J \tag{4}$$

c) Utilizzeremo il primo principio:

$$Q = L + \Delta U_{ADC} \tag{5}$$

l'energia interna di un gas perfetto è una funzione di stato che dipende dalle condizioni iniziali e finali e non dalle trasformazioni subite per assumerle, pertanto il gas passa dalle condizioni A a quelle in C, punti in cui assume la medesima energia interna; per cui la trasformazione sia tramite il percorso A -> D -> C che tramite quello A→B→C porterà una variazione di energia interna pari a

$$\Delta U_{int} = \Delta U_{ABC} = 440J$$

Il lavoro eseguito dal sistema nella trasformazione considerata è dato solo dalla trasformazione isobara A→D

$$L_{AD} = p \cdot \Delta V = 2 \cdot 10^4 \cdot (6 - 2) \cdot 10^{-3} = 80J \tag{6}$$

quindi applicando la (5) sarà:

$$Q = 80J + 440J = 520J \tag{7}$$

Considerazione

Si noti che pur essendo la variazione dell'energia interna ΔE_{int} la stessa per le due trasformazioni, le quantità di calore scambiate ed il lavoro eseguito sono diversi da una trasformazione all'altra.

5. Una mole di gas perfetto può passare dallo stato A allo stato C lungo le tre trasformazioni di Figura 56. Facendo uso dei dati riportati determinare:

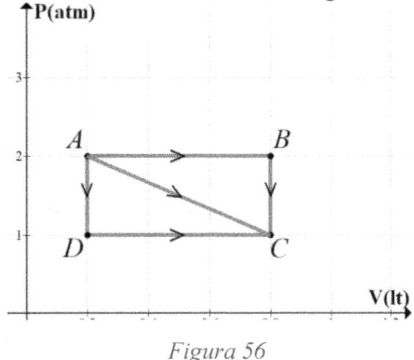

  a) Il lavoro eseguito;
  b) Il calore scambiato.

(**Dati**: U_A=61 J; U_B =243 J; R=8,31 J/(mol K))

(Cantelli, 1997 p. 680)

Figura 56

Strategia-Soluzione

Per passare dallo stato A allo stato C i percorsi determinano delle trasformazioni termodinamiche, rispettivamente:

$A \rightarrow B \rightarrow C$ una isobara e una isocora
$A \rightarrow C$ nessun tipo
$A \rightarrow D \rightarrow C$ una isocora e una isobara

Si utilizzeranno per ogni percorso le relazioni note per tali trasformazioni e la prima legge della termodinamica.

Si può procedere in due modi:

1° determinando sia **a)** che **b)** per ogni percorso;
2° determinando prima il lavoro e poi il calore nelle tre trasformazioni.

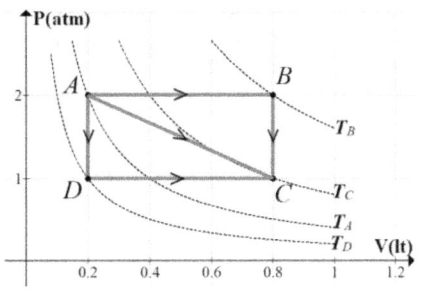

Figura 57

1° modo

Percorso A→B→C

Il lavoro eseguito è solo nell'isobara $A \rightarrow B$

Tratto $A \rightarrow B$ è un'espansione isobara $p=cost$, per cui il lavoro eseguito sarà:

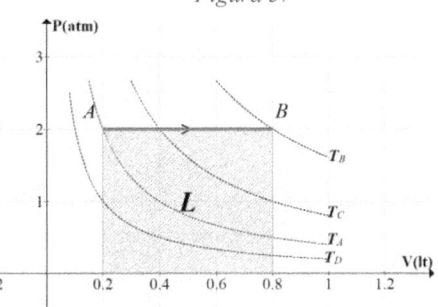

Figura 58

101

$$L_{AB} = P\Delta V_{AB} \tag{1}$$

$$L_{AB} = 2atm \cdot 1{,}013 \cdot 10^5 \frac{Pa}{atm} \cdot \frac{(0{,}8 - 0{,}2)}{\frac{10^3 lt}{m^3}} lt \cong 122J \tag{2}$$

$$L_{ABC} = L_{AB} = 122J \tag{3}$$

Il calore scambiato nella trasformazione si ricava applicando la 1° legge della termodinamica:

$$Q = L + \Delta U_{int} \tag{4}$$

Applicata ad AB si ha:

$$Q_{AB} = L_{AB} + \Delta U_{AB} = 122J + (243 - 61)J \cong 304J \tag{5}$$

Tratto B→C è una isocora $V=cost$ per cui il lavoro eseguito è nullo $L_{BC}=0$

Il calore scambiato nella trasformazione è dato dalla 1° legge della termodinamica ed è uguale alla variazione dell'energia interna:

$$Q_{BC} = \Delta U_{BC} = U_{iC} - U_{iB} \tag{6}$$

Essendo nota dal problema l'energia interna di B occorre determinare quella del punto C applicando la relazione:

$$E_C = \frac{3}{2} nRT_C \tag{7}$$

Occorre inoltre determinare la temperatura del gas nel punto C utilizzando la legge generale dei gas perfetti:

$$T_C = \frac{P_C \cdot V_C}{nR} = \frac{1{,}0 \, atm \cdot 1{,}013 \cdot \frac{10^5 Pa}{atm} \cdot \frac{0{,}8lt}{\frac{10^3 lt}{m^3}}}{1 \, mol \cdot 8{,}31 \frac{J}{mol \cdot K}} = 9{,}75K \tag{8}$$

Sostituendo la (8) nella (7) si ha:

$$E_C = \frac{3}{2} 1mol \cdot 8{,}31 \frac{J}{mol \cdot K} 9{,}75K = 122J \tag{9}$$

Sostituendo nella (6) si ha:

$$Q_{BC} = 122J - 243J = -121J \tag{10}$$

In conclusione

$$Q_{ABC} = Q_{AB} + Q_{BC} = 304J + (-121)J = 183J \qquad (11)$$

Percorso A→C

Il lavoro eseguito è dato dall'area del trapezio di Figura 59 che ha per vertici A - C e volumi $V_A = 0,2$ *lt*; $V_C = 0,8$ *lt*.

$$L_{AC} = \frac{P_A + P_C}{2}(V_C - V_A) \qquad (12)$$

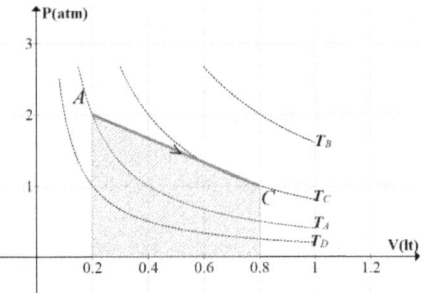

Figura 59

$$L_{AC} = \frac{(2,0 - 1,0)atm}{2} \cdot 1,013 \cdot 10^5 \frac{Pa}{atm} \frac{(0,8 - 0,2)lt}{\frac{10^3 lt}{m^3}} \cong 91J \qquad (13)$$

Il calore scambiato nella trasformazione si ricava applicando la 1° legge della termodinamica:

$$Q_{AC} = L_{AC} + \Delta U_{AC} = 91J + (122 - 61)J \cong 152J \qquad (14)$$

Percorso A→D→C

Tratto A→D è un'isocora $V = cost$ per cui il lavoro eseguito è nullo $L_{AD} = 0$ e il calore scambiato nella trasformazione dalla 1° legge della termodinamica è uguale alla variazione dell'energia interna:

$$Q_{AD} = \Delta U_{iAD} = U_{iD} - U_{iA} \qquad (15)$$

Essendo nota dal problema l'energia interna di A occorre determinare quella del punto D; applicando le relazioni (7) e (8) al punto D si ha:

$$U_D = \frac{3}{2}nRT_D \qquad (16)$$

$$T_D = \frac{P_D \cdot V_D}{nR} = \frac{1,0\ atm \cdot 1,013 \cdot \dfrac{10^5 Pa}{atm} \cdot \dfrac{0,2lt}{\frac{10^3 lt}{m^3}}}{1\ mol\ \cdot 8,31 \dfrac{J}{mol \cdot K}} = 2,4K \qquad (17)$$

103

Sostituendo quest'ultima nella (16) otteniamo:

$$U_D = \frac{3}{2} 1mol \cdot 8,31 \frac{J}{mol \cdot K} 2,4K = 30J \tag{18}$$

Per cui il calore scambiato dalla (15) risulta:

$$Q_{AD} = (30 - 61) = -31J \tag{19}$$

Tratto D→C è un'espansione isobara $p=cost$, per cui il lavoro eseguito è dato dall'area evidenziata in Figura 60 e sarà:

$$L_{DC} = p\Delta V_{DC} \tag{2(}$$

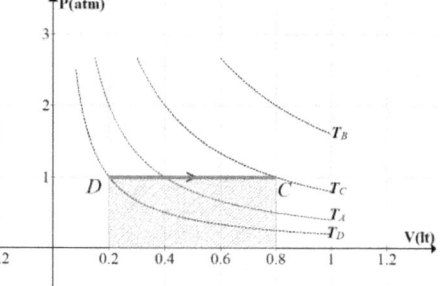

Figura 60

$$L_{DC} = 1atm \cdot 1,013 \cdot 10^5 \frac{Pa}{atm} \cdot \frac{(0,8 - 0,2)}{\frac{10^3 lt}{m^3}} lt \cdot \cong 61J \tag{21}$$

$$L_{ADC} = L_{DC} = 61J \tag{21'}$$

Il calore scambiato nella trasformazione si ricava applicando la 1° legge della termodinamica:

$$Q_{DC} = L_{DC} + \Delta U_{iDC} = 61J + (122 - 30)J = 153J \tag{22}$$

$$Q_{ADC} = Q_{AD} + Q_{DC} = -31J + 153J = 122J \left(^{17}\right) \tag{22'}$$

2° modo

Calcolo del lavoro nelle tre trasformazioni.

Percorso A→B→C

Come già evidenziato nel 1° modo, il lavoro eseguito è solo nell'isobara A→B

---

[17] Allo stesso risultato si poteva giungere applicando:

$$Q_{ADC} = L_{ADC} + \Delta U_{ADC} = L_{DC} + (U_C - U_A) = 61j + (122 - 61)j = 122J$$

$$L_{ABC} = L_{AB} = p\Delta V_{AB} \qquad (23)$$

In riferimento alla Figura 60 il lavoro è dato dall'area del rettangolo, per cui si ottiene:

$$L_{AB} = 2atm \cdot 1{,}013 \cdot 10^5 \frac{Pa}{atm} \cdot \frac{(0{,}8 - 0{,}2)}{\frac{10^3 lt}{m^3}} lt \cdot \cong 122J \qquad (24)$$

Percorso A→C

Calcolo dell'area del trapezio di Figura 59.

$$L_{AC} = \frac{P_A + P_C}{2}(V_C - V_A) \qquad (25)$$

$$L_{AC} = \frac{(2{,}0 - 1{,}0)atm}{2} \cdot 1{,}013 \cdot 10^5 \frac{Pa}{atm} \frac{(0{,}8 - 0{,}2)lt}{\frac{10^3 lt}{m^3}} \cong 91J \qquad (26)$$

Percorso A→D→C

Calcolo dell'area del rettangolo di Figura 60.

$$L_{ADC} = L_{DC} = p\Delta V_{DC} \qquad (27)$$

$$L_{DC} = 1atm \cdot 1{,}013 \cdot 10^5 \frac{Pa}{atm} \cdot \frac{(0{,}8 - 0{,}2)}{\frac{10^3 lt}{m^3}} lt \cdot \cong 61J \qquad (28)$$

Nei tre percorsi sono coincidenti sia il punto iniziale (A) che finale (C) pertanto calcolando principalmente la variazione di energia interna tra questi punti, possiamo determinare il calore cercato applicando la Prima legge della termodinamica ai tre percorsi.

$$\Delta U_{AC} = U_C - U_A = \frac{3}{2}nR(T_C - T_A) \qquad (29)$$

Dalla legge generale dei gas perfetti

$$pV = nRT \qquad (30)$$

Risolvendo rispetto alle temperature in A e C la (30) diventa:

$$\Delta U_{iAC} = \frac{3}{2}\frac{nR}{nR}(p_C V_C - p_A V_A) =$$
$$= \frac{3}{2}(1{,}0 \cdot 0{,}8 - 2 \cdot 0{,}2)\frac{atm \cdot lt}{\frac{10^3 lt}{m^3}} \cdot 1{,}013 \cdot 10^5 \frac{Pa}{atm} \cong 61J \qquad (31)$$

Calcolo del calore scambiato nelle tre trasformazioni.

Percorso A→B→C

$$Q_{ABC} = L_{AB} + \Delta U_{AC} = 122J + (61)J \cong 183J \tag{32}$$

Percorso A→C

$$\boldsymbol{Q_{AC}} = \boldsymbol{L_{AC}} + \Delta \boldsymbol{U_{AC}} = 91J + 61J = 152J \tag{33}$$

Percorso A→D→C

$$Q_{ADC} = L_{DC} + \Delta U_{AC} = 61J + 61J \cong 122J \tag{34}$$

6. Una quantità di gas monoatomico ideale è costituita inizialmente da n moli a temperatura T_1. La pressione e il volume vengono quindi lentamente raddoppiati in modo da tracciare una linea retta sul diagramma p-V. In rapporto a nRT_1, quali sono:

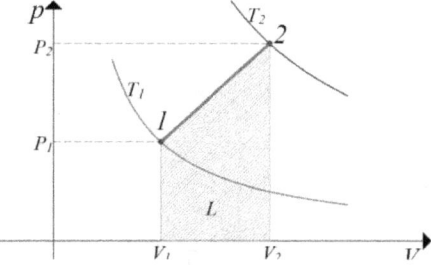

  a) L;
  b) ΔU;
  c) Q;
  d) Se si dovesse definire un calore specifico molare per questo processo, quale sarebbe il rapporto C/R?

(Halliday, et al., Rist. 2012 p. 462)

Figura 61

Strategia-Soluzione

Il problema nei punti **a)**, **b)** e **c)** chiede le grandezze in rapporto a nRT_1, pertanto occorre determinare la grandezza fratto nRT_1.

Per la **a)** dal diagramma p-V, di Figura 61, si può determinare il lavoro svolto dal gas per passare dal punto 1 al 2 determinando l'area del trapezio.

Per la **b)** si può applicare la relazione (16) del punto 3.2.3.1.

Per la **c)** noti il lavoro e la variazione dell'energia interna, per determinare Q si può applicare il primo principio della termodinamica.

Per la **d)** si può ricorrere alla definizione di calore specifico molare e poi dividerlo per R.

a) Il lavoro sarà dato dall'area del trapezio (evidenziata in Figura 61).

$$L_{12} = \frac{(p_1 + p_2)}{2} \cdot (V_2 - V_1) = \frac{(p_1 + 2p_1)}{2} \cdot (2V_1 - V_1) = \frac{3}{2} p_1 V_1 \qquad (1)$$

Dalla legge dei gas ideali si ha:

$$p_1 V_1 = nRT_1 \qquad (2)$$

Sostituendo nella (1) si ottiene:

$$L_{12} = \frac{3}{2} nRT_1 \qquad \Rightarrow \qquad \frac{L_{12}}{nRT_1} = 1,5 \qquad (3)$$

b) Ricordando che l'energia interna è una funzione di stato che dipende solo dalle condizioni iniziale e finale della trasformazione, quindi dal valore della temperatura del punto considerato, la variazione dell'energia interna nella trasformazione è data dalla relazione:

$$\Delta U = \frac{3}{2} n R \Delta T \tag{4}$$

$$\Delta T = (T_2 - T_1) = \frac{p_2 V_2}{nR} - \frac{p_1 V_1}{nR} = \frac{1}{nR}(2p_1 2V_1 - p_1 V_1) =$$

$$= \frac{3p_1 V_1}{nR} = \frac{3nRT_1}{nR} = 3T_1 \tag{5}$$

([18])

Sostituendo nella (4) otteniamo:

$$\Delta U = \frac{3}{2} n R 3 T_1 = \frac{9}{2} n R T_1 \quad \Rightarrow \quad \frac{\Delta U}{n R T_1} = 4{,}5 \tag{6}$$

c) Il calore scambiato può essere determinato applicando il primo principio della termodinamica alla trasformazione

$$Q = L + \Delta U \tag{7}$$

$$Q = \frac{3}{2} n R T_1 + \frac{9}{2} n R T_1 = 6 n R T_1 \quad \Rightarrow \quad \frac{Q}{n R T_1} = 6 \tag{8}$$

d) Per determinare il calore specifico molare si può far rifermento alla sua definizione tramite la relazione:

$$C = \frac{Q}{n\Delta T} = \frac{6nRT_1}{n3T_1} = 2R \quad \Rightarrow \frac{C}{R} = 2 \tag{9}$$

---

[18] Allo stesso si poteva arrivare determinando prima T_2:

$$T_2 = \frac{p_2 V_2}{nR} = \frac{4p_1 V_1}{nR} = 4T_1 \quad \Rightarrow \quad \Delta T = 4T_1 - T_1 = 3T_1$$

Trasformazioni termodinamiche

7. Mantenendo costante la pressione a 210 *kPa*, 49 moli di un gas ideale monoatomico si espandono da un volume iniziale di 0,75 *m³* fino a raggiungere un volume finale di 1,9 *m³*.
  a) Calcola il lavoro compiuto dal gas durante l'espansione.
  b) Determina le temperature iniziale e finale del gas.
  c) Qual è stata la variazione dell'energia interna del gas?
  d) Qual è la quantità di calore che è stata somministrata al gas?
(Walker, 2010 V.2, p. 595)

Strategia-Soluzione

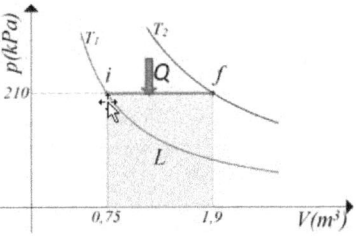

Si tratta di una trasformazione isobara, per cui somministrando calore il gas si espande senza variazione di pressione. Per rispondere ai vari punti occorre: **a)** calcolare l'area del rettangolo evidenziata in Figura 62; **b)** il calcolo delle temperature richieste che può essere fatto applicando la legge dei gas perfetti; **c)** l'energia interna che è una funzione di stato, pertanto si può applicare la relazione (29) del capitolo 2, punto 2.2.2.3 ai punti iniziale e finale; **d)** determinare il calore somministrato applicando il primo principio della termodinamica.

Figura 62

a) Lavoro nella trasformazione è dato da

$$L = p \cdot \Delta V \tag{1}$$

$$L = p \cdot (V_f - V_i) = 210 \; kPa \cdot (1,9 - 0,75)m^3 \cong 242 kJ \tag{2}$$

b) Le temperature iniziale e finale si possono determinare applicando la relazione:

$$pV = nRT \quad \Rightarrow \quad T = \frac{pV}{nR} \tag{3}$$

Applicando la (3) ai punti iniziale e finale e ricordando che la pressione è uguale per entrambi possiamo scrivere

$$T_i = \frac{pV_i}{nR} = 210 \cdot 10^3 Pa \cdot \frac{0,75 m^3}{49 \; mol \; \cdot 8,31 \frac{J}{mol \cdot K}} \cong 387 K \tag{4}$$

109

$$T_f = \frac{pV_f}{nR} = 210 \cdot 10^3 Pa \cdot \frac{1{,}9m^3}{49 \; mol \; \cdot 8{,}31\frac{J}{mol \cdot K}} \cong 980K \qquad (5)$$

c) La variazione dell'energia interna tra i due punti sarà data dalla relazione:

$$\Delta U = \frac{3}{2}nR\Delta T = \frac{3}{2} \cdot 49mol \cdot 8{,}31\frac{J}{mol \cdot K} \cdot (980 - 387)K \cong 362 \; kJ \qquad (6)$$

d) Dal primo principio della termodinamica si ottiene

$$Q = L + \Delta U = 242 \; kJ + 362 \; kJ \cong 604 \; kJ \qquad (7)$$

8. Tre moli di un gas ideale monoatomico si espandono isotermicamente a una temperatura di 34 °C. Se il volume del gas quadruplica durante questo processo, calcola:

    a) Il lavoro compiuto dal gas;

    b) Il calore fornito al gas.

(Walker, 2010 V.2, p. 595)

Strategia-Soluzione

Trattandosi di un'espansione isoterma, si possono fare due considerazioni: la prima che, come già richiamato nel punto 3.2.2, il lavoro è dato dall'area individuata dalla trasformazione, evidenziato nella Figura 63; la seconda che non c'è variazione di energia interna del sistema e quindi il lavoro è uguale al calore fornito, pertanto rispondendo alla **a)** si risponde anche alla **b)**.

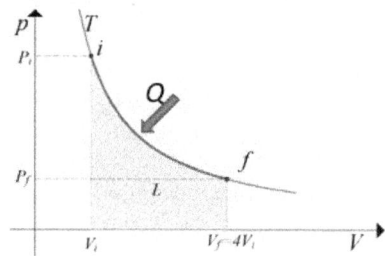

Figura 63

Per procedere occorre principalmente trasformare la temperatura in Kelvin; 32°C equivalgono a circa 307 K.

a) Il lavoro compiuto dal gas è dato dalla relazione:

$$L = nRT \cdot \ln\left(\frac{V_f}{V_i}\right) \qquad (1)$$

$$L = 3mol \cdot 8{,}31\frac{J}{mol \cdot K} \; 307K \cdot \ln\left(\frac{4V_i}{V_i}\right) \cong 10{,}6 \; kJ \qquad (2)$$

b) Essendo $T = cost \Rightarrow \Delta U = 0$ applicando il primo principio della termodinamica si ottiene il calore cercato

$$Q = L = 10,6 kJ$$

9. Durante una trasformazione adiabatica, la temperatura di 3,92 *moli* di un gas ideale monoatomico si abbassa da 485 °C a 205 °C. Per questo gas determina:
  a) Il lavoro compiuto;
  b) Il calore scambiato con l'ambiente circostante;
  c) La variazione della sua energia interna.
(Walker, 2010 V.2, p. 595)

Strategia-Soluzione

Si tratta di un'espansione adiabatica, senza scambio di calore con l'ambiente esterno, pertanto $Q=0$ e si risponde immediatamente al quesito **b)**. Punto **a)** rispondendo a questo quesito, per la prima legge della termodinamica, si risponde anche alla **c)**, infatti, si ha che il lavoro compiuto dal gas, evidenziato nella Figura 64, viene fatto a scapito dell'energia interna e sarà uguale alla sua variazione in diminuzione, passando ad una temperatura inferiore.

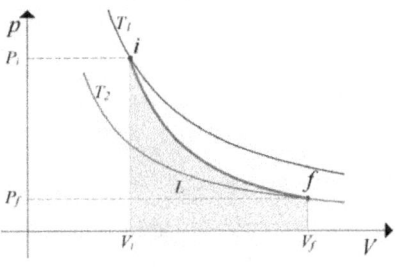

Figura 64

Occorre trasformare le temperature in *Kelvin*: T_i=485°C=758K; T_f=205°C=478K

a) Dalla prima legge della termodinamica:

$$\Delta U = Q - L = -L \quad \Rightarrow L = -\Delta U \qquad (1)$$

$$L = -\frac{3}{2} nR\Delta T = \frac{3}{2} 3,92 mol \cdot 8,31 \frac{J}{mol \cdot K} (478 - 758)K \cong 13,7 kJ \qquad (2)$$

b) Per definizione di adiabatica $Q=0$;

c) Dalla (1) si ha: $\Delta U = -L = -13,7 kJ$

10. Un gas ideale è sottoposto alla trasformazione in tre fasi, mostrata nella Figura 65. Dopo il completamento di un ciclo intero, determina:

    a)   Il lavoro totale compiuto dal sistema;

    b)   La variazione totale dell'energia interna del sistema;

    c)   La quantità di calore totale assorbita dal sistema.

(Walker, 2010 V.2, p. 595)

Strategia-Soluzione

Il ciclo in questione è composto da tre trasformazioni: *AB* generica, *BC* compressione isobara, con lavoro negativo e cessione di calore, *CA* trasformazione isocora con fornitura di calore e aumento di pressione.

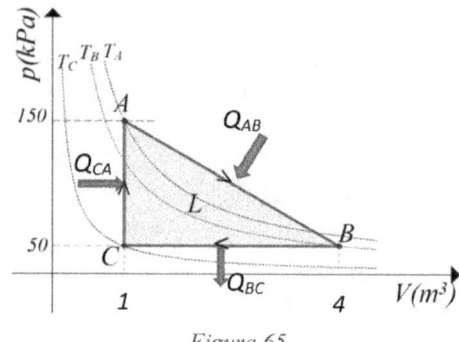

a) Il lavoro richiesto può essere determinato dall'area del triangolo ABC[19], dove $V_i = 1 m^3$ e $V_f = 4 m^3$.

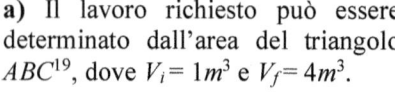

Figura 65

b) La variazione dell'energia interna del sistema, essendo una funzione di stato ed essendo un ciclo, è uguale a zero.

c) Essendo nulla la variazione dell'energia interna, il calore assorbito dal sistema è uguale al lavoro netto.

a)   Lavoro del ciclo sarà:

$$L = \frac{\Delta p \cdot \Delta V}{2} = \frac{(150 - 50)kPa \cdot (4 - 1)m^3}{2} = 150 kJ \tag{1}$$

b)   Come anticipato, la variazione dell'energia interna del ciclo è $\Delta U = 0$

c)   Dalla prima legge della termodinamica si ha:

$$Q = L + \Delta U = L = 150 kJ \tag{2}$$

---

[19] Si dimostra che il lavoro netto è dato dalla differenza tra il lavoro di espansione (positivo) L_{AB}, e quello di compressione (negativo) L_{BC}:

$$L = \frac{(150 + 50)kPa}{2}(4 - 1)m^3 - 50kPa \cdot (4 - 1)m^3 = 150 kJ$$

11. Due moli di gas perfetto biatomico mantenute a pressione costante corrispondente a 10 volte il valore normale si espandono da un volume V_A=4 litri a un volume V_B=6 litri. Calcolare:
   a) La quantità di calore assorbita dal gas;
   b) Il lavoro compiuto;
   c) La variazione di energia interna.

Strategia-Soluzione

Uniformiamo le grandezze al S.I.
$p = 10\,atm \cong 10 \cdot 1{,}01 \cdot 10^5 \; Pa$
$V_A = 4lt = 4 \cdot 10^{-3} m^3$
$V_B = 6lt = 6 \cdot 10^{-3} m^3$

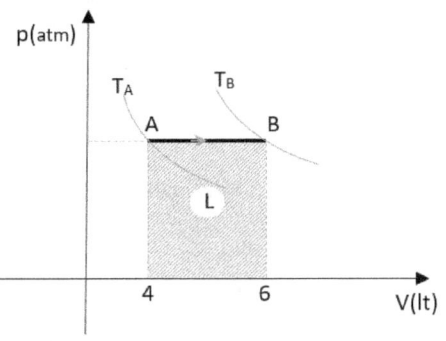

Figura 66

Si tratta di una trasformazione isobara e dovendo rispondere alla sequenza delle domande si potrà procedere nel modo seguente:

a) Calcolo della quantità di calore assorbita utilizzando la legge:

$$Q = nC_p\Delta T \qquad (1)$$

b) Il lavoro compiuto calcolando l'area del rettangolo che la trasformazione forma con l'asse V è:

$$L = p \cdot \Delta V \qquad (2)$$

c) La variazione di energia interna si calcola applicando il primo principio della termodinamica.

a) Per applicare la relazione (1) teniamo conto che si tratta di un gas biatomico per cui C_p=7/2R. Inoltre occorre determinare le temperature T_A e T_B.

Dalla I legge di Gay-Lussac possiamo scrivere la relazione:

$$\frac{V_A}{T_A} = \frac{V_B}{T_B} \qquad (3)$$

$$\frac{T_B}{T_A} = \frac{V_B}{V_A} = \frac{6\,lt}{4\,lt} = \frac{3}{2} \qquad \Rightarrow \qquad T_B = \frac{3}{2}T_A \qquad (4)$$

113

Applicando la legge generale dei gas perfetti,

$$pV = nRT \tag{5}$$

Quindi determiniamo T_A e T_B

$$T_A = \frac{p_A \cdot V_A}{nR} = \frac{10 \cdot 1,01 \cdot 10^5 \, Pa \cdot 4 \cdot 10^{-3} m^3}{2 mol \cdot 8,31 \frac{j}{mol \cdot K}} \cong 243,1K \tag{6}$$

$$T_B = \frac{3}{2} \cdot 243,1K \cong 364,6K \tag{7}$$

Sostituendo nella (1) si ha:

$$Q = nC_p \Delta T_{BA} = 2mol \cdot \frac{7}{2} 8,31 \frac{j}{mol \cdot K} (364,6 - 243,1)K \cong 7068J \tag{8}$$

b) Il lavoro compiuto:

$$L = p \cdot \Delta V = 10 \cdot 1,01 \cdot 10^5 \, Pa \cdot (6 \cdot 10^{-3} - 4 \cdot 10^{-3}) m^3 = 2020J \tag{9}$$

c) Per determinare la variazione dell'energia interna applichiamo il primo principio della termodinamica:

$$Q = L + \Delta U_{int} \quad \Rightarrow \quad \Delta U_{int} = Q - L = (7068 - 2020)J \cong 5048J \tag{10}$$

12. Un gas perfetto esegue una trasformazione adiabatica reversibile nella quale il gas dimezza la pressione e triplica il volume. Determinare il rapporto $\gamma = C_P/C_V$ tra i calori specifici a pressione e a volume costante del gas.

Strategia-Soluzione

Trattandosi di un'espansione adiabatica si può ricorrere alla relazione:

$$p_i \cdot V_i^{\gamma} = p_f \cdot V_f^{\gamma} = costante \tag{1}$$

Con p_i, V_i e p_f, V_f indichiamo la pressione e il volume iniziale e finale del gas. Sostituendo nella (1) i dati del problema si ha:

$$p_i \cdot V_i^{\gamma} = \frac{p_i}{2} \cdot (3Vi)^{\gamma} \tag{2}$$

Semplificando si ottiene:

$$2V_i^{\gamma} = (3Vi)^{\gamma} = 3^{\gamma} V_i^{\gamma} \quad \Rightarrow \quad 2 = 3^{\gamma} \tag{3}$$

Passando ai logaritmi:

$$\ln 2 = \gamma \ln 3 \quad \Rightarrow \quad \gamma = \frac{\ln 2}{\ln 3} = 0{,}63 \tag{4}$$

13. Un gas ideale si espande adiabaticamente in modo tale che la sua pressione passa da p_0 a $0.50p_0$. Il gas viene quindi riscaldato a volume costante in modo tale da riportarlo alla temperatura iniziale, cosicché la sua pressione passa da $0.50p_0$ a $0.61p_0$. Tracciare schematicamente tali trasformazioni su un diagramma p-V e determinare il rapporto $\gamma = C_P/C_V$ tra i calori specifici, a pressione e volume costante del gas.

Strategia-Soluzione

Il tracciato schematico delle trasformazioni è riportato nella Figura 67.

Il rapporto γ cercato si può determinare applicando la relazione della trasformazione adiabatica. Tuttavia mancando tra i dati il valore dei volumi dei tre punti, occorre utilizzare anche un'ipotetica trasformazione isoterma tra i puti A e C.

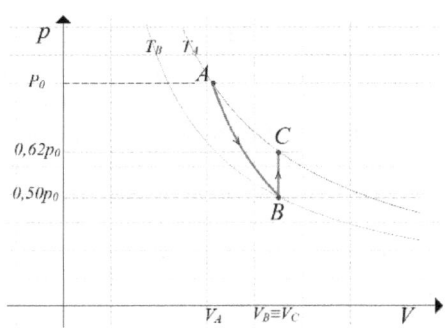

Figura 67

Trasformazione adiabatica AB

$$p_0 \cdot V_A{}^{\gamma} = p_B \cdot V_B{}^{\gamma} \tag{1}$$

Tra i punti A e C, tenuto conto che $V_C = V_B$, si ha:

$$p_0 \cdot V_A = p_C \cdot V_C = p_C \cdot V_B = 0{,}61 p_0 \cdot V_B \tag{2}$$

Risolvendo rispetto a V_B si ottiene:

$$V_B = \frac{p_0 \cdot V_A}{0{,}61 p_0} = \frac{V_A}{0{,}61} \tag{3}$$

Tenuto conto che $p_B = 0.50 p_0$ e sostituendo la (3) nella (1), otteniamo:

$$\cancel{p_0} \cancel{V_A{}^{\gamma}} = 0{,}50 p_0 \cdot \left(\frac{V_A}{0{,}61}\right)^{\gamma} = 0{,}50 \cancel{p_0} \cdot \frac{\cancel{V_A{}^{\gamma}}}{0{,}61^{\gamma}} \tag{4}$$

Semplificando, la (4) diventa:

$$0{,}61^{\gamma} = 0{,}50 \tag{5}$$

115

Passando ai logaritmi:

$$\gamma \ln 0,61 = \ln 0,50 \quad \Rightarrow \quad \gamma = \frac{\ln 0,50}{\ln 0,61} = 1,40 \tag{4}$$

Dalla (4) si dimostra che il gas è biatomico, infatti:

$$C_p = \frac{7}{2}R, \quad C_V = \frac{5}{2}R \quad \Rightarrow \quad \gamma = \frac{\frac{7}{2}R}{\frac{5}{2}R} = \frac{7}{5} = 1,40$$

14. [20]Due moli di Argon (gas monoatomico) inizialmente nello stato $T_A = 300K$ $p_A=16,62 \cdot 10^3\ Pa$, vengono riscaldate a volume costante fino a raddoppiarne la pressione. In seguito si espandono adiabaticamente finché la temperatura ritorna a $300K$, e infine mediante un processo isotermico vengono ricondotte allo stato iniziale. Si determini per ciascuna delle 3 trasformazioni:

a) La variazione d'energia interna;
b) Il lavoro eseguito;
c) Il calore scambiato.

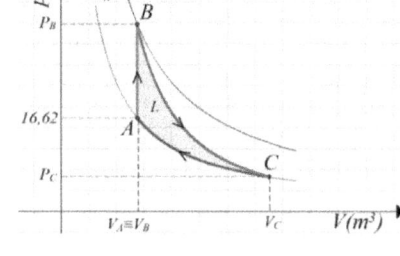

Figura 68

Strategia-Soluzione
Le tre trasformazioni del ciclo sono rispettivamente:
$A \rightarrow B$ isocora (V=cost);
$B \rightarrow C$ adiabatica (Q=0);
$C \rightarrow A$ isotermica (ΔU=0)

Essendo la richiesta riferita alle singole trasformazioni si procederà determinando le grandezze richieste, applicando ad ognuna le relazioni viste nei punti 3.2.2 e 3.2.3 del capitolo, in base ai dati che il problema stesso fornisce. Ai fini dei quesiti **a)**, **b)** e **c)**, si potrà procedere contemporaneamente per singola trasformazione, in quanto alcune delle grandezze richieste sono determinate dalla stessa trasformazione.

Dati preliminari:

Dai dati del problema si possono ricavare i valori di pressione, volume e temperatura:

---

[20] Ispirato all'esercizio n. 16 del (Caforio, et al., 2000 p. 435) , integrato con altre domande.

$$p_B = 2p_A = 2 \cdot 16,62 \cdot 10^3 Pa = 33,24 Pa; \quad V_B = V_A;$$

$$C_V = \frac{3}{2}R; \quad T_C = T_A = 300K$$

Ai fini dei calcoli delle grandezze richieste, occorrerà determinare alcuni dei parametri di stato mancanti, quali il volume V_A e la temperatura T_B.

Dalla legge generale dei gas perfetti si determina V_A:

$$pV = nRT \tag{1}$$

$$V_A = \frac{nR \cdot T_A}{p_A} = \frac{2mol \cdot 8,31 \frac{J}{mol \cdot K} \cdot 300K}{16,62 \cdot 10^3 Pa} = 0,3 m^3 \tag{2}$$

Applicando nuovamente la (1) al punto B e ricordando che il $V_B = V_A$, possiamo determinarne la temperatura

$$T_B = \frac{p_B \cdot V_B}{nR} = \frac{33,24 Pa \cdot 0,3 m^3}{2mol \cdot 8,31 \frac{J}{mol \cdot K}} = 600K \tag{3}$$

Determineremo per singola trasformazione tutte e tre le richieste **a), b), c)**.

A→B trasformazione isocora ($V = cost$), implica già le risposte **b)** e **c)**:

$$\Rightarrow \quad b)\ L_{AB} = 0; \quad c)\ Q_{AB} = \Delta U_{AB} \tag{4}$$

a) La variazione dell'energia interna si determina dalla prima legge della termodinamica:

$$Q = L + \Delta U \tag{5}$$

$$\Delta U_{AB} = Q_{AB} - 0 = nC_V \Delta T = 2 \cdot \frac{3}{2} 8,31 \frac{J}{mol \cdot K} (600 - 300)K = 7479J \tag{6}$$

B→C trasformazione adiabatica, senza scambio di calore, implica già le risposte **b)** e **c)**:

$$\Rightarrow \quad c)\ Q_{BC} = 0; \quad b)\ L_{BC} = U_{BC} \tag{7}$$

a) La variazione dell'energia interna è data da:

$$\Delta U_{BC} = L_{BC} = nC_V\Delta T = 2 \cdot \frac{3}{2}8{,}31\frac{J}{mol \cdot K}(300 - 600)K = -7479J \ ^{21} \quad (8)$$

C→A trasformazione isotermica (*T=cost*), implica le risposte **a)** e **c)**:

$$\Rightarrow \ \ a) \ U_{CA} = 0; \quad c) \ Q_{CA} = L_{CA} \quad (9)$$

b) Il lavoro è dato dalla relazione (9) del punto 3.2.2.4 del capitolo 3

$$L_{CA} = nR \cdot T_A \cdot ln\left(\frac{V_A}{V_C}\right) \quad (10)$$

dove occorre determinare il volume del gas V_C, che può essere desunto utilizzando la relazione:

$$TV^{\gamma-1} = cost \quad \left(in \ cui \quad \gamma - 1 = \frac{C_p}{C_V} - 1 = \frac{\frac{5}{2}R}{\frac{3}{2}R} - 1 = \frac{5}{3} - 1 = \frac{2}{3}\right) \quad (8)$$

$$T_CV_C^{\gamma-1} = T_BV_B^{\gamma-1} \quad \Rightarrow \quad V_C^{\gamma-1} = \frac{T_BV_B^{\gamma-1}}{T_C} \quad (9)$$

$$V_C^{\frac{2}{3}} = \frac{600K \cdot V_B^{\frac{2}{3}}}{300K} = 2 \cdot V_B^{\frac{2}{3}} \quad (10)$$

$$\left(V_C^{\frac{2}{3}}\right)^3 = \left(2 \cdot V_B^{\frac{2}{3}}\right)^3 \quad \Rightarrow \quad V_C^2 = 8 \cdot V_B^2 \quad (11)$$

$$V_C = \sqrt{8} \cdot V_B = 2{,}83 \cdot 0{,}3m^3 \cong 0{,}85m^3 \quad (12)$$

Sostituendo la (12) nella (10), si ha:

$$L_{CA} = 2 \cdot 8{,}31\frac{J}{mol \cdot K} \cdot 300K \cdot ln\left(\frac{0{,}3m^3}{0{,}85m^3}\right) \cong -5193J$$

---

[21]Si dimostra che essendo l'energia interna una funzione di stato si può determinare tramite la differenza tra le energie interne dei punti B e C:

$$\Delta U_{BC} = U_C - U_B = \frac{3}{2}nRT_C - \frac{3}{2}nRT_C = n\frac{3}{2}R(\Delta T) = nC_V\Delta T \ (c.v.d.)$$

Secondo principio della termodinamica

15. Una mole di un gas ideale viene utilizzata come sostanza che compie lavoro in una macchina termica che funziona lungo il ciclo mostrato nella Figura 69, con *BC* e *DA* processi adiabatici reversibili.

    a)   Il gas è monoatomico, biatomico o poliatomico?

    b)   Qual è il rendimento della macchina termica?

(Halliday, et al., Rist. 2012 p. 482)

(Dati: $A(p_0,V_0,T_0)$; $B(p_0,2V_0,T_B)$; $C(p_0/32,16V_0,T_C)$; $D(p_0/32,8V_0,T_D)$).

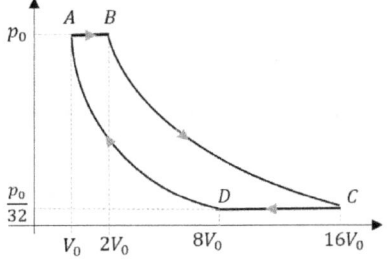

Figura 69

Strategia-Soluzione

Per entrambe le domande si possono considerare le relazioni che legano i parametri di stato del gas ai due tipi di trasformazione termodinamica isobara e adiabatica.

Isobara:

$$\frac{V}{T} = cost \tag{1}$$

Adiabatica:

$$PV^\gamma = cost \quad o \quad TV^{\gamma-1} = cost \tag{2}$$

a) Per determinare se il gas è mono, bi o poliatomico, in base ai dati del problema, si possono utilizzare le (2) applicate alla trasformazione *BC*:

$$P_B V_B{}^\gamma = P_C V_C{}^\gamma \tag{3}$$

$$\cancel{p_0}(2V_0)^\gamma = \frac{\cancel{p_0}}{32}(16V_0)^\gamma \quad \Rightarrow \quad 2^\gamma \cancel{V_0{}^\gamma} = \frac{16}{32}\cancel{V_0{}^\gamma} \tag{4}$$

$$32 \cdot \cancel{2^\gamma} = 16^\gamma = (2 \cdot 8)^\gamma = \cancel{2^\gamma} \cdot 8^\gamma \quad \Rightarrow \quad 32 = 8^\gamma \tag{5}$$

$$2^5 = (2^3)^\gamma = 2^{3\gamma} \quad \Rightarrow \quad 5 = 3\gamma \quad \Rightarrow \quad \gamma = \frac{5}{3} = \frac{C_p}{C_V} = \frac{\frac{5}{2}R}{\frac{3}{2}R} \tag{6}$$

Essendo $C_V = 3/2R$ e $C_p = 5/2R$, si deduce che il gas è monoatomico.

b) Essendo *BC* e *DA* trasformazioni adiabatiche (senza scambio di calore), il calore verrà scambiato nelle trasformazioni isobare *AB* e *CD*, indicando con

119

Q_1 e Q_2 il calore fornito e ceduto rispettivamente in AB e CD. Il rendimento nel ciclo è dato da:

$$\eta = \frac{|Q_1| - |Q_2|}{|Q_1|} = 1 - \frac{|Q_2|}{|Q_1|} \qquad (7)$$

Occorrerà determinare Q_1 e Q_2 che nelle trasformazioni isobare saranno date dalla relazione:

$$Q = nC_p\Delta T \qquad (8)$$

Occorre inoltre determinare le temperature T_A, T_B, T_C, T_D ricavabili utilizzando le leggi dei gas perfetti.

A-B

$$\frac{V_A}{T_A} = \frac{V_B}{T_B} \qquad \Rightarrow \quad T_B = T_A \frac{V_B}{V_A} = T_A \frac{2V_0}{V_0} = 2T_A = 2T_0 \qquad (9)$$

B-C

$$T_B V_B{}^{\gamma-1} = T_C V_C{}^{\gamma-1} \qquad \Rightarrow \quad 2T_0(2V_0)^{\gamma-1} = T_C(16\,V_0)^{\gamma-1} \qquad (10)$$

$$T_C = \frac{2T_0 2^{\gamma-1}\,(V_0)^{\gamma-1}}{16^{\gamma-1}\,(V_0)^{\gamma-1}} = \frac{2T_0\,\cancel{2^{\gamma-1}}}{8^{\gamma-1}\,\cancel{2^{\gamma-1}}} = \frac{2T_0}{8^{\left(\frac{2}{3}\right)}} = \frac{2T_0}{4} = \frac{T_0}{2} \qquad (11)$$

C-D

$$\frac{V_C}{T_C} = \frac{V_D}{T_D} \qquad \Rightarrow \quad T_D = T_C \frac{V_D}{V_C} = \frac{T_0}{2} \frac{8V_0}{16V_0} = \frac{T_0}{4} \qquad (12)$$

Determinate le temperature e utilizzando la (8) si ha:

$$Q_1 = nC_p\Delta T = n\frac{5}{2}R(2T_A - T_A) = 1\frac{5}{2}RT_A = \frac{5}{2}RT_0 \qquad (13)$$

$$Q_2 = nC_p\Delta T = n\frac{5}{2}R(T_D - T_C) = n\frac{5}{2}R\left(\frac{T_0}{4} - \frac{T_0}{2}\right) = 1\cdot\frac{5}{2}R\left(-\frac{T_0}{4}\right) \qquad (14)$$

Sostituendo i valori trovati nella (7) otteniamo il rendimento cercato:

$$\eta = 1 - \frac{|Q_2|}{|Q_1|} = 1 - \frac{\frac{5}{2}RT_0}{\frac{5}{2}R\left(\frac{T_0}{4}\right)} = 1 - \frac{1}{4} = 0,75 \qquad pari\ al\ 75\% \qquad (15)$$

16. Calcolare il rendimento di un ciclo reversibile, svolto da una mole di gas ideale monoatomico, composto da due trasformazioni isoterme a temperature T_1=400 K (trasformazione AB) e T_2=300K (trasformazione CD) e da due trasformazioni isocore BC e DA, con V_C =2V_D.

Strategia-Soluzione

Il rendimento di un ciclo, riportato in Figura 70, è dato dal rapporto tra il lavoro netto e il calore fornito, relazione (40) del punto 3.2.5 del capitolo, o anche dalla relazione seguente:

$$\eta = \frac{L}{Q_1} = 1 - \frac{|Q_2|}{|Q_1|} \qquad (1)$$

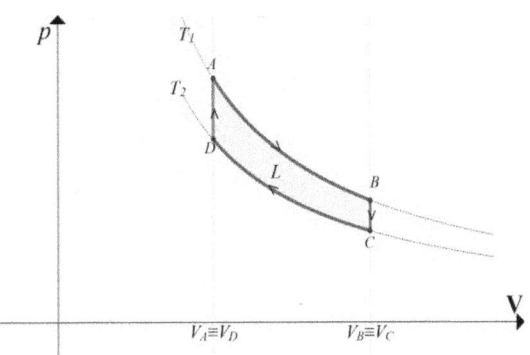

Figura 70

La (1) si potrà risolvere calcolando i contributi del calore scambiato nelle singole trasformazioni tramite la prima legge della termodinamica, tenuto conto che V_B = V_C =2V_A:

AB- (isoterma ΔU=0) dalla prima legge, il calore fornito (>0) è dato da:

$$Q_{AB} = L_{AB} = nRT_1 \ln\left(\frac{V_B}{V_A}\right) = nRT_1 \ln\left(\frac{2V_A}{V_A}\right) = nRT_1 \ln(2) \qquad (2)$$

BC-(isocora L=0) dalla prima legge il calore ceduto (<0) è uguale alla variazione dell'energia interna:

$$Q_{BC} = \Delta U_{BC} = nC_V\Delta T_{BC} = nC_V(T_2 - T_1) \qquad (3)$$

CD-(isoterma ΔU=0) dalla prima legge, il calore ceduto (<0) è dato da:

$$Q_{CD} = L_{CD} = nRT_2 \ln\left(\frac{V_D}{V_C}\right) = nRT_2 \ln\left(\frac{V_A}{2V_A}\right) = nRT_2 \ln\left(\frac{1}{2}\right) \qquad (4)$$

DA-(isocora L=0) dalla prima legge il calore fornito è uguale alla variazione dell'energia interna (>0):

$$Q_{DA} = \Delta U_{DA} = nC_V\Delta T_{DA} = nC_V(T_1 - T_2) \qquad (3)$$

Calcolo del calore fornito:

$$Q_1 = nRT_1 \ln(2) + nC_V(T_1 - T_2) =$$

$$= 1\,mol\left[8{,}31\frac{J}{mol \cdot K}400K \cdot \ln 2 + \frac{3}{2}8{,}31\frac{J}{mol \cdot K}(400 - 300)K\right] \cong 3551J \quad (4)$$

Calcolo del calore ceduto:

$$Q_2 = nRT_2 \ln(1/2) + nC_V(T_2 - T_2) =$$

$$= 1\,mol\left[8{,}31\frac{J}{mol \cdot K}300K \cdot \ln\frac{1}{2} + \frac{3}{2}8{,}31\frac{J}{mol \cdot K}(300 - 400)K\right] \cong -2975J \quad (5)$$

Sostituiti nella (1) si ha:

$$\eta^{22} = 1 - \frac{2975J}{3551J} \cong 0{,}1622 = 16{,}22\% \quad (6)$$

---

[22] Allo stesso si perviene se si utilizza la prima parte della (1), rapporto tra il lavoro netto e il calore fornito nel ciclo:

$$L = L_{AB} - L_{CD} = 2304J - 1728J \cong 576J$$

$$\eta = \frac{L}{Q_1} = \frac{576J}{3551J} = 0{,}1622 = 16{,}22\%$$

17. Un gas perfetto compie un ciclo composto dalle 4 trasformazioni seguenti:
AB – CD adiabatiche
BC – DA isocore

Nell'ipotesi che tutte le trasformazioni siano reversibili, calcolare in funzione delle temperature T_A, T_B, T_C, T_D il rendimento del ciclo.

Strategia-Soluzione

Il rendimento di un ciclo, riportato in Figura 71, è dato dal rapporto tra il lavoro netto e il calore fornito, relazione (40) del punto 3.2.5 del capitolo; tuttavia avendo nel ciclo due trasformazioni adiabatiche, senza scambio di calore, gli scambi avvengono solo nelle due isocore. In BC il calore Q_2 viene ceduto, mentre in DA Q_1 viene fornito, pertanto conviene utilizzare la relazione:

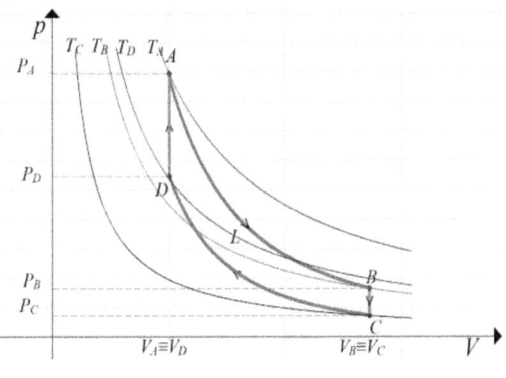

Figura 71

$$\eta = 1 - \frac{|Q_2|}{|Q_1|} \tag{1}$$

Si determineranno le quantità di calore scambiato nel ciclo dalle due isocore.

Trasformazione isocora BC- il calore Q_2 è dato dalla relazione:

$$Q_2 = nC_V\Delta T_{BC} = nC_V(T_C - T_B) \tag{2}$$

Trasformazione isocora DA- il calore Q_1 è dato dalla relazione:

$$Q_1 = nC_V\Delta T_{DA} = nC_V(T_A - T_D) \tag{3}$$

Sostituendo la (2) e la (3) nella (1) si ha:

$$\eta = 1 - \frac{|T_C - T_B|}{|T_A - T_D|} \tag{4}$$

123

Macchine termiche-Entropia

18. Una macchina di Carnot preleva la quantità di calore Q_c da una sorgente a temperatura T_c e cede la quantita $Q_f = 2/3 Q_c$ alla sorgente a temperatura T_f, come mostrato nella Figura 72. Calcola:

a) Il rendimento della macchina;

b) Il rapporto T_f/T_c, usando la scala Kelvin.

(Walker, 2010 V.2, p. 597)

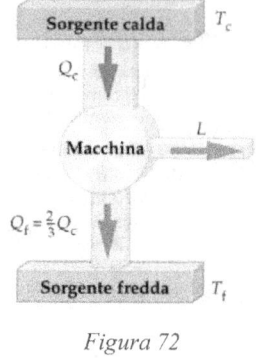

Figura 72

Strategia-Soluzione

a) Il rendimento di una macchina di Carnot è dato dalla relazione (43) del punto3.2.5.3 del capitolo e tenuto conto della (44) si ha:

$$\eta = 1 - \frac{T_f}{T_c} = 1 - \frac{Q_f}{Q_c} = 1 - \frac{\frac{2}{3}Q_c}{Q_c} \cong 0,33 = 33\% \tag{1}$$

b) Dalla (44) si ricava il rapporto richiesto

$$\frac{T_f}{T_c} = \frac{Q_f}{Q_c} = \frac{\frac{2}{3}Q_c}{Q_c} = \frac{2}{3} \cong 0,67 \tag{2}$$

19. Il motore di un frigorifero ha una potenza di 200 *W*. Se il compartimento freddo è a temperatura di 270 *K* e l'aria esterna è a temperatura di 300 *K*, supponendo che l'efficienza sia ideale, qual è la quantita massima di calore che si può estrarre dal compartimento freddo in 10,0 *min*?

(Halliday, et al., Rist. 2012 p. 483)

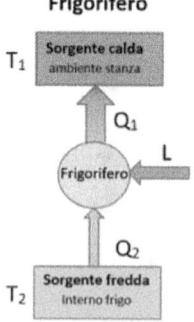

Figura 73

Strategia-Soluzione

Il problema pone la condizione che il frigorifero abbia un'efficienza ideale pertanto la si può equiparare ad una macchina di Carnot che opera come nella Figura 73. La quantità di calore richiesta la si può ricavare dall'efficienza della macchina, una volta determinato il lavoro che il motore compie.

$$\varepsilon = \frac{Q_2}{L} = \frac{Q_2}{Q_1 - Q_2} = \frac{T_2}{T_1 - T_2} \qquad (1)$$

Ricordando che la potenza è il rapporto tra lavoro eseguito e il tempo impiegato a farlo, si determina L, il lavoro eseguito dal motore:

$$L = P \cdot t = 200W \cdot \left(10min \cdot 60 \frac{s}{min}\right) = 120 \; kJ \qquad (2)$$

Dalla (1) si ottiene:

$$Q_2 = \varepsilon \cdot L = \frac{T_2}{T_1 - T_2} L = \frac{270K}{(300 - 270)K} 120 \cdot 10^3 J = 1{,}08 \cdot 10^6 J \qquad (3)$$

20. Un condizionatore d'aria, che funziona come una macchina di Carnot, opera fra la temperatura interna di $21{,}0 \; ^\circ C$ e la temperatura esterna di $32{,}0 \; ^\circ C$. Calcola:

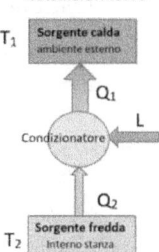

Condizionatore

  a) La quantità di lavoro che il condizionatore deve compiere per espellere 1550 J di calore dall'interno della casa;

  b) La quantità di calore emessa all'esterno.
(Walker, 2010 V.2, p. 597)

Figura 74

Strategia-Soluzione

Il condizionatore in questione, funziona come un frigorifero di Carnot, il cui schema è riportato nella Figura 74; pertanto una volta trasformate le temperature in Kelvin, eguagliando le relazioni (45) e (46) del punto 3.2.5.4 del capitolo, si potrà desumere **a)** il lavoro richiesto e **b)** il calore emesso all'esterno desunto dalla relazione dell'efficienza.

a) Il lavoro del condizionatore sarà dato da:

$$\frac{Q_2}{L} = \frac{T_2}{T_1 - T_2} \qquad (1)$$

Risolvendo rispetto ad L, si ha:

$$L = Q_2 \frac{T_1 - T_2}{T_2} = 1550J \frac{(305 - 294)K}{294K} \cong 58J \qquad (2)$$

b) Dalla relazione dell'efficienza

$$\varepsilon = \frac{Q_2}{L} = \frac{Q_2}{Q_1 - Q_2} \qquad (3)$$

risolvendo rispetto a Q_1, si ottiene quanto richiesto.

$$Q_1 - Q_2 = L \quad \Rightarrow \quad Q_1 = L + Q_2 = 58J + 1550J = 1608J \qquad (4)$$

21. Per mantenere una stanza alla confortevole temperatura di 21 °C, una pompa di calore che funziona come una macchina di Carnot compie 345 J di lavoro e la rifornisce di 3240 J di calore. Calcola:

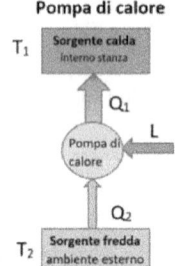

Pompa di calore

  a) La quantità di calore che la pompa immette nell'aria esterna;
  b) La temperatura dell'aria esterna.

(Walker, 2010 V.2, p. 597)

Figura 75

Strategia-Soluzione

Si potrà pensare alla pompa di calore come ad un condizionatore in cui invertiamo le sorgenti. Il problema fornisce la temperatura interno stanza, la quantità di calore Q_1 e il lavoro che la pompa effettua, pertanto, **a)** si può desumere dalla relazione che lega il lavoro e le quantità di calore Q_1 e Q_2 (vedi schema di Figura 75). Per rispondere al quesito **b)** si può far riferimento all'efficienza della pompa di calore, relazione (52) del punto 3.2.5.4.

a) La quantità di calore immessa dalla pompa nella stanza è data da:

$$Q_2 = Q_1 - L = 3240J - 345J = 2895J \qquad (1)$$

b) La temperatura dell'aria esterna la si ricava dalla relazione (52):

$$\varepsilon = \frac{T_1}{T_1 - T_2} \qquad (2)$$

Risolvendo rispetto a T_2 si ha:

$$\varepsilon \cdot (T_1 - T_2) = T_1 \quad \Rightarrow \quad T_2 = T_1 - \frac{T_1}{\varepsilon} = T_1\left(1 - \frac{1}{\varepsilon}\right)$$

$$= T_1\left(1 - \frac{1}{\frac{Q_1}{L}}\right) = 294K \cdot \left(1 - \frac{345J}{3240J}\right) \cong 263K = -10°C \qquad (3)$$

22. Una macchina termica impiega *He* (in condizioni tali da poterlo considerare un gas perfetto) per eseguire un ciclo reversibile diretto costituito da due isoterme alle temperature T_1 e $T_2 = T_1/2$ e due isobare alle pressioni p_2 e $p_1 = 2p_2$ (come in Figura 76. Determinare:
   a) Il lavoro eseguito nel ciclo;
   b) Il rendimento del ciclo.

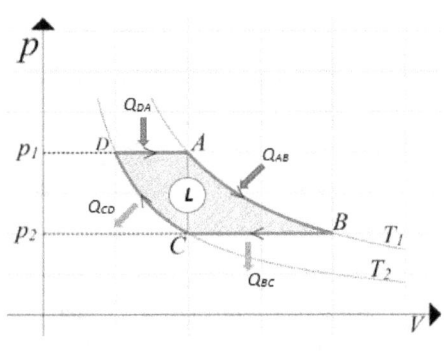

Figura 76

Strategia-Soluzione

Si tratta di un ciclo con due espansioni: una isobara e una isoterma in cui il lavoro fatto è positivo, e due compressioni, una isobara e una isoterma, con lavoro fatto sul sistema, quindi negativo. Alla **a)** si potrebbe arrivare facendo la somma del lavoro eseguito per ognuna delle trasformazioni, tuttavia, questo comporterebbe determinare i volumi dei singoli punti. Altra strada percorribile è quella di determinare il lavoro attraverso la differenza tra le quantità di calore assorbito Q_1 e ceduto dal ciclo Q_2. Per **b)** il rendimento sarà noto dal rapporto tra lavoro e calore assorbito $Q1$:

$$\eta = \frac{L}{Q_1} = \frac{Q_1 - Q_2}{Q_1} = 1 - \frac{Q_2}{Q_1} \qquad (1)$$

con Q_1 e Q_2 indichiamo rispettivamente il calore assorbito e ceduto nel ciclo.

a) Si determinano le quantità di calore scambiato nel ciclo:

$$Q_1 = Q_{DA} + Q_{AB} \qquad (2)$$

$$Q_1 = nC_p(T_1 - T_2) + nRT_1 \ln\frac{P_1}{P_2} = n\left(\frac{5}{2}R\right)\frac{T_1}{2} + nRT_1 \ln 2 =$$

$$= nRT_1\left(\frac{5}{4} + \ln 2\right) \qquad (2')$$

$$Q_2 = Q_{BC} + Q_{CD} \qquad (3)$$

$$Q_2 = nC_p(T_2 - T_1) + nRT_2 \ln\frac{P_2}{P_1} = n\left(\frac{5}{2}R\right)\left(-\frac{T_1}{2}\right) + nR\frac{T_1}{2}\ln\frac{1}{2} =$$

$$= -\frac{n}{2}\cdot\frac{5}{2}RT_1 + \frac{nRT_1}{2}(\ln 1 - \ln 2) = -\frac{nRT_1}{2}\left(\frac{5}{2} + \ln 2\right) \qquad (3')$$

Dalla (1) si ottiene:

127

$$L = Q_1 - Q_2 = nRT_1 \left(\frac{5}{4} + \ln 2\right) - \frac{nRT_1}{2}\left(\frac{5}{2} + \ln 2\right) =$$
$$= nRT_1 \left(\frac{5}{4} + \ln 2 - \frac{5}{4} - \frac{1}{2}\ln 2\right) = nRT_1 \frac{1}{2}\ln 2 \qquad (4)$$

b) Il rendimento è dato dalla (1)

$$\eta = \frac{L}{Q_1} = \frac{\cancel{nRT_1}\frac{1}{2}\ln 2}{\cancel{nRT_1}\left(\frac{5}{4} + \ln 2\right)} \cong 0,18$$

23. Una mole di un gas perfetto monoatomico compie una trasformazione ciclica, come in Figura 77, scambiando calore reversibilmente con due sole sorgenti ideali a temperatura, rispettivamente, $T_1 = 353K$ e $T_2 = 273K$, con la sorgente fredda costituita da una miscela di acqua e ghiaccio. Il ciclo è chiuso da una compressione adiabatica irreversibile DA e da un'espansione adiabatica irreversibile BC, che raddoppia il volume del gas. Sapendo che il rendimento della macchina è il 30% di quello di una macchina di Carnot operante con le stesse sorgenti e che in ogni ciclo si scioglie una massa $m=50g$ di ghiaccio, calcolare la variazione di entropia del gas nelle due trasformazioni irreversibili.

Strategia-Soluzione

Per determinare la variazione di entropia richiesta per le due trasformazioni adiabatiche, si può utilizzare per BC la relazione (51) del punto 3.2.6 in quanto noti i dati delle temperature e dei volumi; per la trasformazione DA si ricorre alla somma delle variazioni delle varie trasformazioni[23], sapendo che

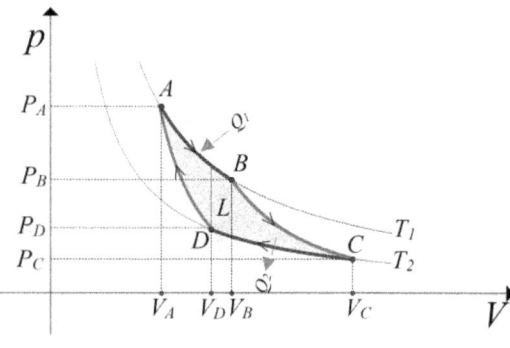

Figura 77

---

[23] Si potrebbe dimostrare che la variazione di entropia nella trasformazione DA è ottenibile anche attraverso la (51), in tal caso occorrerebbe determinare i volumi V_A e V_D, rilevabili tramite le due

per l'intero ciclo la variazione di entropia è nulla. Quindi per determinare la variazione di entropia nelle varie trasformazioni, occorrerà in prima fase, determinare il calore ceduto per ogni ciclo per fondere la massa di ghiaccio, noto il rendimento della macchina, pari al 30% della macchina di Carnot, e il calore assorbito dal sistema, nell'espansione isoterma AB.

Calcolo del calore ceduto al ghiaccio:

$$Q_2 = m \cdot L_f = 50g \cdot 334\frac{J}{g} = 16,7 kJ \tag{1}$$

Noto il rendimento della macchina di Carnot

$$\eta = \frac{L}{Q_1} = 1 - \frac{Q_2}{Q_1} = 1 - \frac{T_2}{T_1} \tag{2}$$

avendo la macchina un rendimento pari al 30% di quella di Carnot si ha:

$$\eta_r = 0,3\eta = 0,3 \cdot \left(1 - \frac{T_2}{T_1}\right) = 0,3\left(1 - \frac{273K}{353K}\right) \cong 6,8\% \tag{3}$$

Dalla (2) si può determinare il calore assorbito:

$$\eta_r - 1 = -\frac{Q_2}{Q_1} \quad \Rightarrow \quad Q_1 = \frac{Q_2}{1 - \eta_r} = \frac{16,7 kJ}{1 - 0,068} \cong 17,92 kJ \tag{4}$$

Noti Q_1 e T_1 si ha:

$$\Delta S_{AB} = \frac{Q_1}{T_1} = \frac{17,92 \cdot 10^3 J}{353K} \cong 50,8\frac{J}{K} \tag{5}$$

$$\Delta S_{CD} = \frac{Q_2}{T_2} = \frac{-16,7 \cdot 10^3 J}{273K} \cong -61,17\frac{J}{K} \tag{6}$$

---

trasformazioni isoterme essendo noti Q_1 e Q_2 (*procedimento decisamente più articolato, riportiamo solo il calcolo di V_A*):

$$Q_1 = L = nRT_1 ln\left(\frac{V_B}{V_A}\right) \quad \Rightarrow \quad ln\left(\frac{V_B}{V_A}\right) = \frac{Q_1}{nRT_1} = \frac{17920}{1 \cdot 8,31 \cdot 353} \cong 6,10$$

$$\frac{V_B}{V_A} = e^{6,10} \quad \Rightarrow \quad V_A = \frac{V_B}{e^{6,10}}$$

Allo stesso modo si potrà determinare V_D e quindi il rapporto tra i volumi dei punti A e D necessario per applicare la (51) che è dato da:

$$\frac{V_A}{V_D} = \frac{1}{2}e^{1,26}$$

$$\Delta S_{CD} = \frac{Q_2}{T_2} = \frac{-16{,}7 \cdot 10^3 J}{273K} \cong -61{,}17 \frac{J}{K} \qquad (7)$$

Per la trasformazione BC si può applicare la relazione (51):

$$\Delta S = S_f - S_i = nR \ln \frac{V_f}{V_i} + nC_V \ln \frac{T_f}{T_i} \qquad (8)$$

$$\Delta S_{BC} = 1mol \cdot 8{,}31 \frac{J}{mol \cdot K} \ln\left(\frac{2V_B}{V_B}\right) + 1mol \cdot \frac{3}{2} 8{,}31 \frac{J}{mol \cdot K} \ln\left(\frac{273K}{353K}\right) \cong 2{,}56 \frac{J}{K} \quad (9)$$

$$\Delta S_{DA} = -(\Delta S_{AB} + \Delta S_{BC} + \Delta S_{CD}) \cong (-50{,}8 - 2{,}56 + 61{,}17)\frac{J}{K} \cong 7{,}81 \frac{J}{K} \quad (10)$$

24. Un sistema costituito da 2 moli di gas perfetto biatomico, compie il ciclo di Figura 78 composto da due trasformazioni isobare e due isotermiche. Si determini:

a) Il lavoro in un ciclo;
b) Il calore scambiato in ogni trasformazione;
c) Il rendimento del ciclo;
d) La variazione di entropia tra A e C.

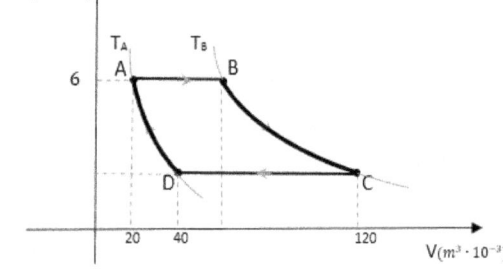

Figura 78

Strategia-Soluzione

Il ciclo è composto da due espansioni una isobara e una isotermica e da due compressioni una isobara e una isotermica, pertanto procedendo in base ai punti richiesti avremo

per la risoluzione di **a)**

1. il lavoro tramite il calcolo dell'area della trasformazione A→B e C→D;
2. utilizzo della prima legge della termodinamica per B→C e D→A (in cui $Q=L$ essendo $\Delta U_{int} = 0$);

per la **b)** nota la risposta a) manca solo il calore scambiato nelle isobare;

per **c)** applicheremo il concetto di rendimento come rapporto tra lavoro eseguito e calore fornito;

per **d)** basterà calcolare l'entropia del gas nei punti considerati.

Ai fini del problema occorre principalmente determinare le grandezze di stato mancanti del gas. Si potrà utilizzare la legge di Boyle per determinare volume e pressione nei punti B e D e la legge generale dei gas perfetti per il calcolo delle temperature delle due isotermiche.

Dalla legge di Boyle:

isotermica D→A

$$P_A V_A = P_D V_D \quad \Rightarrow \quad P_D = \frac{P_A V_A}{V_D} = \frac{6 \cdot 10^5 Pa \cdot 20 \cdot 10^{-3} m^3}{40 \cdot 10^{-3} m^3} = 3 \cdot 10^5 Pa \quad (1)$$

isotermica B→C $(P_C = P_D)$

$$P_B V_B = P_C V_C \quad \Rightarrow \quad V_B = \frac{P_C V_C}{P_B} = \frac{3 \cdot 10^5 Pa \cdot 120 \cdot 10^{-3} m^3}{6 \cdot 10^5 Pa} = 60 \cdot 10^{-3} m^3 \quad (2)$$

$$T_C = \frac{P_C V_C}{nR} = \frac{3 \cdot 10^5 Pa \cdot 120 \cdot 10^{-3} m^3}{2 mol \cdot 8,31 \frac{J}{mol \cdot K}} \cong 2166 K \quad (3)$$

$$T_D = \frac{P_D V_D}{nR} = \frac{3 \cdot 10^5 Pa \cdot 40 \cdot 10^{-3} m^3}{2 mol \cdot 8,31 \frac{J}{mol \cdot K}} \cong 722 K \quad (4)$$

Per a) e b) si può procedere determinando contemporaneamente sia a) calcolo del lavoro in un ciclo, che b) calore scambiato in ogni trasformazione.

Isobara A→B

$$L_{AB} = P_A \cdot (V_B - V_A) = 6 \cdot 10^5 Pa \cdot (60 - 20) \cdot 10^{-3} m^3 = 24000 J \quad (5)$$

$$Q_{AB} = n C_p \Delta T = 2 mol \cdot \frac{7}{2} 8,31 \frac{J}{mol \cdot K} (2166 - 722) K \cong 24000 J \quad (6)$$

Isotermica B→C

Essendo $\Delta E_{int} = 0$ dalla I legge della termodinamica:

$$L_{BC} = Q_{BC} = nR T_C \ln \left(\frac{V_C}{V_B} \right) = \quad (7)$$

$$= nR \frac{P_C V_C}{nR} \ln \left(\frac{2V_B}{V_B} \right) = 3 \cdot 10^5 Pa \cdot 120 \cdot 10^{-3} m^3 \cdot \ln(2) \cong 24953 J \quad (7')$$

Isobara C→D

$$L_{CD} = P_D \cdot (V_D - V_C) = 3 \cdot 10^5 Pa \cdot (40 - 120) \cdot 10^{-3} m^3 = -24000 J \quad (8)$$

131

Il lavoro nella compressione è $L_{CD} = -L_{AB}$ e in conseguenza:

$$Q_{CD} = -Q_{AB} \quad {}^{24} \tag{9}$$

Isotermica D→A

Essendo $\Delta E_{DA} = 0$ dalla I legge della termodinamica:

$$L_{DA} = Q_{DA} = nRT_D \ln\left(\frac{V_A}{V_D}\right) =$$

$$= nR\frac{P_D V_D}{nR} \ln\left(\frac{V_A}{2V_A}\right) = 3 \cdot 10^5 Pa \cdot 40 \cdot 10^{-3} m^3 \cdot \ln(0,5) \cong -8318J \tag{10}$$

$$L = \sum L_i = L_{AB} + L_{BC} + L_{CD} + L_{DA} =$$

$$= (24000 + 24953 - 24000 - 8318)J = 16335J \tag{11}$$

c) Rendimento del ciclo:

$$\eta = \frac{L}{Q} = \frac{16335J}{48953J} \cong 0,34 \quad (34\%) \tag{12}$$

d) Per determinare la variazione di entropia tra A e C, utilizzeremo la relazione

$$\Delta S = nR\ln\frac{V_f}{V_i} + nC_V \ln\frac{T_f}{T_i} \quad \#13$$

$$\Delta S_{AC} = 2mol \cdot 8,31 \frac{J}{mol \cdot K} \ln\left(\frac{120}{20}\right) + 2mol \cdot \frac{5}{2} 8,31 \frac{J}{mol \cdot K} \ln\left(\frac{2166}{722}\right) =$$

---

[24] Nella trasformazione C→D c'è la stessa variazione (in modulo) d'energia interna di A→B, in quanto hanno in modulo le stesse variazione di temperatura. Essendo inoltre $L_{CD} = -L_{AB}$ dalla prima legge della termodinamica si ha:

$$Q_{CD} = L_{CD} + \Delta E_{CD} = -L_{AB} - \Delta E_{AB} = -(L_{AB} + \Delta E_{AB}) = -Q_{AB}$$

Come si può facilmente dimostrare applicando la relazione seguente:

$$Q_{CD} = nC_p\Delta T = 2mol \cdot \frac{7}{2} 8,31 \frac{J}{mol \cdot K}(722 - 2166)K \cong -24000J$$

$$\frac{2166}{722} = 75,42\frac{J}{K} \quad (^{25}) \tag{13}$$

25. Una mole di gas ideale biatomico compie il ciclo di Figura 79, dove BC è a temperatura costante. Determinare:

a) Il rendimento del ciclo;
b) La variazione entropica nelle varie fasi.

Strategia-soluzione

Come si può vedere nella Figura 79, il ciclo che compie il gas ideale è costituito da 3 trasformazioni termodinamiche:
- AB (isocora) a volume costante;
- BC (isoterma) a temperatura costante;
- CA (isobara) a pressione costante.

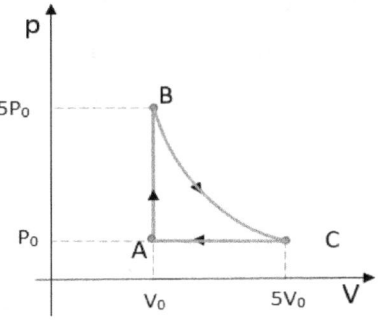

Figura 79

Per il punto **a)** occorrerà determinare sia il lavoro che il calore scambiato nei tre processi. Per il punto **b)** occorre determinare la variazione entropica nelle varie fasi, considerando che ΔS non dipende dal modo in cui il gas cambia stato, ma dalle sole proprietà degli stati iniziale e finale.

a) Il rendimento del ciclo è dato dal rapporto tra l'energia ottenuta, ossia il lavoro (L) e l'energia fornita, il calore (Q).

---

[25] *Allo stesso si sarebbe potuto giungere determinando prima la variazione nella trasformazione isobara A→B e poi nella trasformazione isotermica B→C ,:*

Isobara A→B la (13) assume la forma:

$$\Delta S_{AB} = nC_P ln\frac{T_B}{T_A} = 2mol \cdot \frac{7}{2} 8,31\frac{J}{mol \cdot K} \ ln\frac{2166}{722} = 63,9\frac{j}{K}$$

Isotermica B→C la (13) diventa:

$$\Delta S_{BC} = nRln\frac{V_C}{V_B} = 2mol \cdot 8,31\frac{J}{mol \cdot K} ln\frac{120}{60} = 11,52\frac{j}{K}$$

$$\Delta S_{AC} = (63,9 + 11,529\frac{j}{K} = 75,42\frac{j}{K} \quad (c.v.d.)$$

133

$$\eta = \frac{enrgia_{ottenuta}}{energia_{fornita}} = \frac{|L|}{|Q|} = \frac{L_{AB} + L_{BC} + L_{CA}}{Q_{AB} + Q_{BC}} \quad (1)$$

Per poter procedere nel calcolo del rendimento studiamo il ciclo del gas in ogni singola trasformazione quindi calcolando sia il lavoro compiuto che il calore scambiato (perso o assorbito).

trasformazione isocora AB (volume costante).

$$L_{AB} = 0 \quad (2)$$

Dalla prima legge della termodinamica, si ha:

$$Q_{AB} = \Delta U \quad (3)$$

La quantità di calore scambiato varia la sua energia interna. Per il suo calcolo si può applicare l'equazione del calore specifico molare a volume costante:

$$Q_{AB} = nC_V\Delta T \quad (4)$$

Il gas ideale in questione è biatomico per cui $C_v = 5/2R$ e di cui non sono note le temperature iniziale e finale dei punti A e B, le quali si possono determinare tramite la legge dei gas ideali:

$$pV = nRT \quad (5)$$

Per A

$$p_A V_A = nRT_A \quad \Rightarrow \quad T_A = \frac{p_A V_A}{nR} \quad (6)$$

Per B

$$p_B V_B = nRT_B \quad \Rightarrow \quad T_B = \frac{p_B V_B}{nR} = \frac{5p_0 V_0}{nR} = 5T_A \quad (7)$$

$$Q_{AB} = n\frac{5}{2}R(T_B - T_A) = n\frac{5}{2}R(5T_A - T_A) = n\frac{5}{2}R \cdot 4T_A = 10 \cdot nRT_A \quad (8)$$

Calore e lavoro nella trasformazione isoterma BC (temperatura costante).

Nelle trasformazioni isoterme il lavoro è uguale al calore in quanto la variazione di energia interna è zero. Nel grafico di Figura 80, il lavoro corrisponde alla parte evidenziata ed è data dalla (9) punto 3.2.2.4

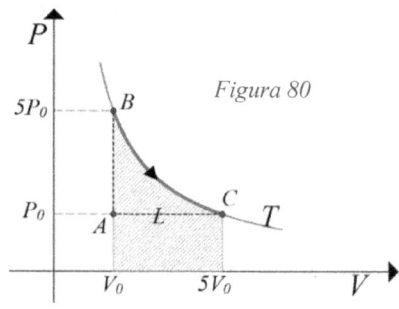

Figura 80

$$L = nRT \cdot \ln\left(\frac{V_f}{V_i}\right)$$

$$L_{BC} = nRT_B \cdot \ln\left(\frac{V_C}{V_B}\right) = nR\,T_B \cdot \ln\left(\frac{5V_0}{V_0}\right) = nR\,T_B = 5nRT_A \cdot \ln(5) \qquad (9)$$

e

$$Q_{BC} = L_{BC} \qquad (9')$$

Calore e lavoro nella trasformazione isobara CA (pressione costante).

Il lavoro compiuto dal gas per la trasformazione CA è dato dalla (5) del punto 3.2.2.3. ed è uguale all'area della parte evidenziata della Figura 81.

$$L = p(\Delta V) \qquad (10)$$

Applicata alla CA sarà:

$$L_{CA} = p_0(V_A - V_C) = p_0(V_0 - 5V_0) = -4p_0V_0 \qquad (11)$$

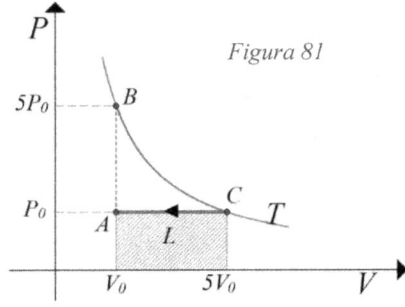

Figura 81

Il lavoro della trasformazione CA può essere espresso anche in funzione della temperatura T attraverso l'applicazione della legge dei gas perfetti

$$pV = nRT$$

dove indicando con T_0 la temperatura nel punto, si ha:

$$p_A V_A = nRT_A \quad \Rightarrow \quad p_0 V_0 = nRT_0 \qquad (12)$$

Da cui la (11) si può scrivere nel modo seguente:

$$L_{CA} = -4nRT_0$$

La quantità di calore ceduto nella trasformazione la si può determinare utilizzando la formula (18) del punto 3.2.3.2 facendo riferimento al calore specifico molare a pressione costante, con $C_P = 7/2R$ essendo un gas ideale biatomico, e $T_C = T_B = 5T_A$.

$$Q = nC_p\Delta T \qquad (13)$$

135

$$Q_{CA} = nC_p(T_A - T_C) = n\frac{7}{2}R(T_A - 5T_A) = -n\frac{7}{2}R \cdot 4T_A = -14nRT_0 \quad (14)$$

Studiate tutte le trasformazioni si può calcolare tramite la (1) il rendimento del ciclo.

$$\eta = \frac{L_{AB} + L_{BC} + L_{CA}}{Q_{AB} + Q_{BC}} = \frac{0 + 5 \cdot nRT_A \cdot ln(5) - 4nRT_0}{10nRT_A + 5nRT_A \, ln(5)} \quad (15)$$

Ricordando che $T_0 = T_A$, semplificando tutto per nRT_A si può scrivere:

$$\eta = \frac{5 \cdot ln \ (5) - 4}{10 + 5 \, ln(5)} \cong 0,224 \cong 22,4\% \quad (16)$$

b) La variazione entropica può essere determinata dalla relazione (51) del punto 3.2.6 di questo capitolo:

$$\Delta S = S_f - S_i = nR \ln\frac{V_f}{V_i} + nC_V \ln\frac{T_f}{T_i} \quad (17)$$

La prima trasformazione termodinamica avviene a volume costante, quindi la variazione entropica viene determinata dalla seconda parte della formula generale; infatti avendo il volume costante, il rapporto che abbiamo tra V_f e V_i è 1 e sapendo che il logaritmo di 1 è zero, la prima parte dell'equazione si annulla.

$$\Delta S_{AB} = S_f - S_i = nC_V \ln\frac{T_f}{T_i} = n\frac{5}{2}R \cdot \ln\frac{T_B}{T_A} =$$

$$= 1mol \cdot \frac{5}{2}8,31\frac{J}{kg \cdot K} \cdot \ln\frac{5 \cdot \cancel{T_A}}{\cancel{T_A}} \cong 33,44\frac{J}{K} \quad (18)$$

La seconda trasformazione termodinamica avviene a temperatura costante; esso è un caso analogo al precedente, solo che in questo caso si annulla la seconda parte della formula generale, per cui la variazione entropica sarà:

$$\Delta S_{BC} = S_C - S_B = nR \ln\frac{V_C}{V_B} = 1mol \cdot 8,31\frac{J}{kg \cdot K}\ln\frac{5 \cdot \cancel{V_0}}{\cancel{V_0}} \cong 13,37\frac{J}{K} \quad (19)$$

La terza trasformazione termodinamica avviene a pressione costante; in questo caso per determinare la variazione entropica utilizziamo l'intera formula generale.

$$\Delta S_{CA} = S_A - S_C = nR \ln\frac{V_A}{V_C} + nC_V \ln\frac{T_A}{T_C} =$$

$$= nR \ln\frac{\cancel{V_0}}{5 \cdot \cancel{V_0}} + nC_V \ln\frac{\cancel{T_A}}{5 \cdot \cancel{T_A}} =$$

$$= 1mol \cdot 8{,}31 \frac{J}{kg \cdot K} \ln\frac{1}{5} + 1mol \cdot \frac{5}{2} 8{,}31 \frac{J}{kg \cdot K} \cdot \ln\frac{1}{5} \cong 42{,}81 \frac{J}{K} \qquad (20)$$

Conoscendo la variazione entropica in ogni trasformazione, possiamo determinare quella del sistema facendo la somma di tutte le variazioni entropiche.

$$\Delta S_{Sist} = \Delta S_{AB} + \Delta S_{BC} + \Delta S_{CA} = (33{,}44 + 13{,}37 - 46{,}81)\frac{J}{K} \cong 0 \qquad (21)$$

26. Un sistema costituito da 2 moli di gas perfetto biatomico compie il ciclo di Figura 82, composto da due trasformazioni isotermiche e due isobare. Determinare:

   a)   Il lavoro in un ciclo;
   b)   Il calore scambiato in ogni trasformazione;
   c)   Il rendimento del ciclo;
   d)   La variazione di entropia nelle due trasformazioni d e a.

Strategia-Soluzione

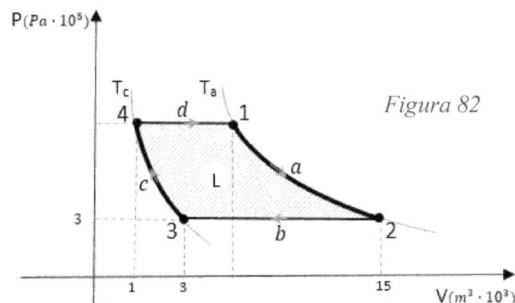

Figura 82

Il ciclo è composto da due trasformazioni isoterme e due trasformazioni isobare, pertanto ai fini del quesito **a)** occorre determinare il lavoro, positivo e negativo, per le singole trasformazioni, utilizzando le relazioni richiamate nel punto 3.2.2 del capitolo. Per il quesito **b)** si può utilizzare la prima legge della termodinamica. Per il punto **c)**, noti il lavoro eseguito e il calore fornito, si determinerà il rendimento richiesto. Per il punto **d)** occorre determinare le singole variazioni entropiche nelle trasformazioni a e d.

Dai dati del problema, rilevabili dalla Figura 82, mancano alcuni di essi: la pressione nei punti 1 e 4, il volume del punto 1, le temperature delle due isoterme. Occorre determinarli in via prioritaria. In riferimento al testo si ha:

$$P_1 = P_4; \qquad P_2 = P_3; \quad e \quad V_2 = 5V_3 ; \ V_3 = 3V_4 \qquad (1)$$

La temperatura Ta può essere determinata utilizzando la legge generale dei gas perfetti nel punto 2:

$$P_2V_2 = nRT_a \quad \Rightarrow \quad T_a = \frac{P_2V_2}{nR} \tag{2}$$

Analogamente per il punto 3:

$$P_3V_3 = nRT_c \quad \Rightarrow \quad T_c = \frac{P_3V_3}{nR} \tag{3}$$

considerando le (1) e sostituendo nella (2) si ha:

$$T_a = \frac{P_3 5V_3}{nR} = 5T_c \tag{4}$$

Dalle isotermiche (c) ed (a) e utilizzando le (1) determiniamo P_4 e V_1.

Trasformazione (c)

$$P_3V_3 = P_4V_4 \quad \Rightarrow \quad P_4 = P_3 \cdot \frac{V_3}{V_4} = P_3 \cdot \frac{3V_4}{V_4} = 3P_3 \tag{5}$$

Trasformazione (a)

$$P_2V_2 = P_1V_1 \quad \Rightarrow \quad V_1 = V_2 \cdot \frac{P_2}{P_1} = 5V_3 \cdot \frac{P_3}{P_4} = 5V_3 \cdot \frac{P_3}{3P_3} = \frac{5}{3}V_3 \tag{6}$$

Riassumendo:

$$T_a = 5T_c; \quad P_4 = 3P_3 = 9 \cdot 10^5 Pa; \quad V_1 = \frac{5}{3}V_3 = \frac{5}{3}3 \cdot 10^{-3}m^3; \quad V_2 = 3V_1;$$

Tornando alle domande del problema

a) Il lavoro del ciclo sarà:

$$L = L_a + L_b + L_c + L_d \tag{7}$$

Calcolo del lavoro per le singole trasformazioni

$$L_a = nRT_a ln\left(\frac{V_2}{V_1}\right) = nR\frac{P_2V_2}{nR} ln\left(\frac{3V_1}{V_1}\right) = P_2V_2 \cdot ln\,(3) =$$

$$= 3 \cdot 10^5 Pa \cdot 15 \cdot 10^{-3}m^3 \cdot 1,099 \cong 4946J \tag{8}$$

$$L_b = P_3 \cdot (V_3 - V_2) = P_3 \cdot (V_3 - 5V_3) = P_3(-4V_3) =$$
$$= 3 \cdot 10^5 Pa \cdot (-4 \cdot 3 \cdot 10^{-3}m^3) = -3600J \tag{9}$$

$$L_c = nRT_c ln\left(\frac{V_4}{V_3}\right) = nR\frac{P_3V_3}{nR} ln\left(\frac{V_4}{3 \cdot V_4}\right) = P_3V_3 \cdot ln\left(\frac{1}{3}\right) =$$

$$= 3 \cdot 10^5 Pa \cdot 3 \cdot 10^{-3} m^3 \cdot (-1,099) \cong -989J \qquad (10)$$

$$L_d = P_4 \cdot (V_1 - V_4) = P_4(5V_4 - V_4) = P_4(4V_4) =$$
$$= 9 \cdot 10^5 Pa \cdot (4 \cdot 1 \cdot 10^{-3} m^3) = 3600J \qquad (11)$$

Sostituendo nella (7) si ha:

$$L = (4946 - 3600 - 989 + 3600)J = 3957J \qquad (12)$$

b) Per determinare il calore scambiato in ogni trasformazione, si utilizza la prima legge della termodinamica:

$$Q = L + \Delta E_{int} \qquad (13)$$

Isoterma (a):

$$\Delta E_{int} = 0 \qquad \Rightarrow Q_a = L_a = 4946J \qquad (14)$$

Isobara (b):

$$Q_b = L_b + \Delta E_{32} = -3600J + nC_V \Delta T_{32} = -3600J + n\frac{5}{2}R(T_c - T_a) =$$

$$= -3600J + n\frac{5}{2}R(T_c - 5T_c) = -3600J + n\frac{5}{2}R(-4T_c) =$$

$$= -3600J - 4n\frac{5}{2}R\frac{P_3 V_3}{nR} =$$

$$= -3600J - 10P_3 V_3 = -3600 - 10 \cdot 3 \cdot 10^5 Pa \cdot 3 \cdot 10^{-3} m^3 = -12600J^{[26]} \quad (15)$$

Isotermica (c)

$$\Delta E_{int} = 0 \qquad \Rightarrow Q_c = L_c = -989J \qquad (16)$$

Isobara (d) in cui

$$\Delta T_{14} = -\Delta T_{32} = -(-4T_c) \qquad \Rightarrow \qquad \Delta E_{14} = -\Delta E_{32} = 9000J \qquad (17)$$

$$Q_d = L_d + \Delta E_{14} = 3600J + nC_V \Delta T_{14} = 3600J + 9000J = 12600J \qquad (18)$$

c) Il rendimento del ciclo è dato dal rapporto tra il lavoro eseguito e il calore fornito:

---

[26] Analogamente si poteva determinare tramite la relazione:

$$Q = nC_P \Delta T$$

$$Q_b = nC_P \Delta T_{32} = n\frac{7}{2}R(T_c - T_a) = n\frac{7}{2}R\left(-4\frac{P_3 V_3}{nR}\right) = -14nR\frac{P_3 V_3}{nR} =$$

$$= -14 \cdot 3 \cdot 10^5 Pa \cdot 3 \cdot 10^{-3} m^3 = -12600J$$

$$\eta = \frac{L}{Q} = \frac{3957J}{17546} \cong 0,23 \qquad (23\%) \qquad\qquad (19)$$

d) Per tutti i processi reversibili che portano il gas da uno stato iniziale a quello finale, la variazione di **entropia** (*funzione di stato*), dipende solo dalle grandezze di stato, volume e temperatura iniziali e finali e non dal modo in cui cambia lo stato; si può applicare la relazione

$$\Delta S = nR \ln\left(\frac{V_f}{V_i}\right) + nC_V \ln\frac{T_f}{T_i} \qquad\qquad (20)$$

Trasformazione (*a*)- possiamo riferirci ad un processo reversibile a temperatura costante[27] che abbia la stessa variazione di volume; la (20) diventa:

$$\Delta S_a = nR \ln\left(\frac{V_2}{V_1}\right) + 0 = nR \ln\left(\frac{3V_1}{V_1}\right) =$$

$$2mol \cdot 8,31\frac{J}{mol \cdot K}\ln(3) = 18,25\frac{J}{K} \qquad\qquad (21)$$

Trasformazione (*d*)- applicando la (20) si ottiene:

$$\Delta S_d = nR \ln\left(\frac{V_1}{V_4}\right) + nC_V \ln\frac{T_a}{T_c} = nR \ln\left(\frac{5V_4}{V_4}\right) + nC_V \ln\frac{5T_c}{T_c} =$$

$$= 2mol \cdot 8,31\frac{J}{mol \cdot K} \cdot \ln(5) + 2mol \cdot \frac{5}{2} \cdot 8,31\frac{J}{mol \cdot K}\ln(5) =$$

$$= 26,74\frac{J}{K} + 66,87\frac{J}{K} \cong 93,61\frac{J}{K} \qquad\qquad (22)$$

27. Una quantità di calore $Q=1$ *kJ* viene fornita, reversibilmente e a pressione costante, a 5 moli di gas perfetto biatomico, contenute in un recipiente adiabatico e inizialmente a temperatura $Ti=300K$. Si calcoli la variazione di entropia subita dal gas.

Strategia-Soluzione

Si può rispondere al quesito posto utilizzando la relazione (51) del punto 3.2.6 del capitolo:

---

[27] *il termine* $\quad nC_V \ln\frac{T_f}{T_i} = 0 \quad$ *in quanto:* $(T_f = T_i) \Rightarrow \ln\frac{T_f}{T_i} = \ln 1 = 0$

$$\Delta S = S_f - S_i = nR \ln\frac{V_f}{V_i} + nC_V \ln\frac{T_f}{T_i} \qquad (1)$$

La (1) con semplici calcoli si può anche scrivere nella forma:

$$\Delta S = nC_p \ln\frac{T_f}{T_i} \qquad (2)$$

Nella (2) non è nota la temperatura finale del gas, quindi occorre determinarla in via prioritaria. Essendo

$$Q = nC_p \Delta T \qquad (3)$$

esplicitando e risolvendo rispetto alla variazione di temperatura nella (3), si ha:

$$T_f - T_i = \frac{Q}{nC_p} \quad \Rightarrow \quad T_f = T_i + \frac{Q}{nC_p} = 300K + \frac{1000J}{5mol \cdot \frac{7}{2}R} \cong 307K \qquad (4)$$

$$\Delta S = nC_p \ln\frac{T_f}{T_i} = 5mol \cdot \frac{7}{2}R \cdot \ln\left(\frac{307K}{300K}\right) = 3{,}35\frac{J}{K} \qquad (5)$$

a)   Si supponga che 1,00 *mole* di un gas monoatomico ideale, a una pressione iniziale di 5,00 *kPa* e a una temperatura iniziale di 600 *K*, si espanda da un volume iniziale V_i= 1,00 m^3 raggiungendo un volume finale V_f = 2,00 m^3. Durante l'espansione, la pressione p e il volume V del gas sono legati dalla relazione $p = 5{,}00^{\,(V_i\text{-}V)/a}$, dove p e in *kPa*, V_i e V sono in m^3, e $a = 1{,}00\ m^3$. Quali sono (a) la pressione finale e (b) la temperatura finale del gas? (c) Quanto vale il lavoro compiuto dal gas durante l'espansione? (d) Qual e la variazione di entropia del gas durante l'espansione?

 (*Suggerimento: Per trovare la variazione di entropia utilizzate due processi reversibili semplici.*)
 (Halliday, et al., Rist. 2012 p. 482)

Strategia-Soluzione

La trasformazione del gas in base alla funzione data $p=f(V)$ è rappresentata nel diagramma dalla Figura 83

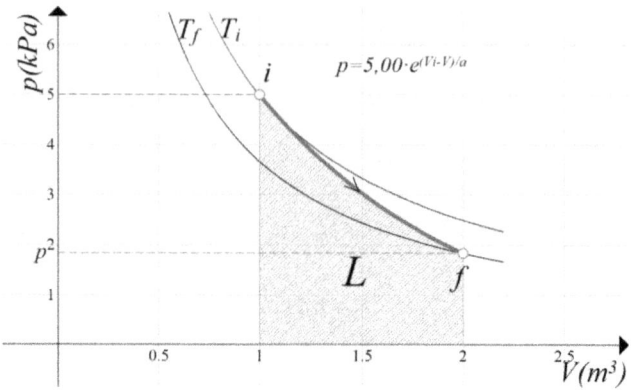

Figura 83

Ai fini del calcolo delle grandezze richieste per **a)** si può utilizzare la funzione data; per **b)** la legge dei gas ideali; per **c)** è data dall'area sottesa dalla funzione $p=f(V)$, quindi occorre integrare pdV tra i punti iniziale e finale; **d)** seguendo il suggerimento del testo, si potrà ricorrere alla relazione (51) del punto 3.2.6 del capitolo.

a) La pressione finale sarà:

$$p = 5,00kPa \cdot e^{\left(\frac{V_i - V}{a}\right)} = 5,00kPa \cdot e^{\left(\frac{1,0m^3 - 2,0m^3}{1,0m^3}\right)} \cong 1,84kPa \qquad (1)$$

b) La temperatura finale sarà data dalla legge dei gas ideali:

$$T_f = \frac{p_f V_f}{nR} = \frac{1.84 \cdot 10^3 Pa \cdot 2m^3}{1\ mol \cdot 8,31 \frac{J}{mol \cdot K}} \cong 442K \ (^{28}) \qquad (2)$$

---

[28] Allo stesso risultato si poteva pervenire utilizzando la seguente strada:

$$p_i V_i = nRT_i \qquad e \qquad p_f V_f = nRT_f \qquad (2)$$

Dividendo il primo per il secondo si ha:

$$\frac{p_i V_i}{p_f V_f} = \frac{T_i}{T_f} \ \Rightarrow \ T_f = T_i - \frac{p_f V_f}{p_i V_i} = 600K \cdot \frac{1.84 \cdot 10^3 Pa \cdot 2m^3}{5.00 \cdot 10^3 Pa \cdot 1m^3} \cong 442K \qquad (3)$$

c) [29]Il lavoro sarà dato integrando la funzione $L=pdV$:

$$L = \int_{V_i}^{V_f} pdV = \int_{V_i}^{V_f} 5,00kPa \cdot e^{\left(\frac{V_i - V}{a}\right)} dV = 5,00kPa \int_{V_i}^{V_f} e^{\left(\frac{V_i - V}{a}\right)} dV$$

$$= 5,00kPa \cdot e^{\frac{V_i}{a}} \cdot \left[-ae^{-\frac{V}{a}}\right]_{V_i}^{V_f} = 5,00kPa \cdot e^{1,0} \cdot 1,0m^3(-e^{-2,0} + e^{-1,0}) = 3,16kJ \quad (3)$$

d) La variazione di entropia durante l'espansione sarà data da:

$$\Delta S = S_f - S_i = nR \ln \frac{V_f}{V_i} + nC_V \ln \frac{T_f}{T_i} \quad (4)$$

Essendo il gas monoatomico $C_V=3/2R$ la precedente diventa:

$$\Delta S = nR \ln \frac{V_f}{V_i} + n\frac{3}{2}R \ln \frac{T_f}{T_i} = nR \left(\ln \frac{V_f}{V_i} + \frac{3}{2}\ln \frac{T_f}{T_i}\right) \quad (5)$$

$$\Delta S = 1mol \cdot 8,31 \frac{J}{mol \cdot K} \left(\ln \frac{2,0m^3}{1,0m^3} + \frac{3}{2}\ln \frac{442K}{600K}\right) \cong 1,95 \frac{J}{K} \quad (6)$$

---

[29] Occorre aver già svolto gli integrali definiti. Far riferimento all'appendice.

28. Dati due recipienti di volume V di cui uno contiene una mole di azoto e l'altro è vuoto. Aprendo il rubinetto che mette in comunicazione i due recipienti il gas si espande nel 2° recipiente eseguendo una trasformazione irreversibile. Si calcoli la variazione dell'entropia del sistema supponendo che l'azoto si comporti come gas ideale.

Strategia-Soluzione

Il processo rappresenta un'espansione libera e potrebbe essere affrontato come un'espansione isotermica che avviene per piccoli passi, tale che il gas risulti in equilibrio al termine di ogni passo.

La variazione entropica può essere determinata dalla relazione (51) del punto 3.2.6 di questo capitolo:

$$\Delta S = S_f - S_i = nR \ln \frac{V_f}{V_i} + nC_V \ln \frac{T_f}{T_i} \tag{1}$$

Tenuto conto che si tratta di una isoterma $T=cost$, si riduce a:

$$\Delta S = nR \ln \frac{2V_i}{V_i} = 1 mol \cdot 8,31 \frac{J}{mol \cdot K} \ln 2 = 5,76 J \tag{2}$$

29. In un ciclo di Carnot compiuto da un gas perfetto, la differenza di temperatura tra le due sorgenti è $\Delta T = T_1 - T_2 = 50\ K$, mentre la variazione di entropia del gas lungo l'isoterma a temperatura T_2 è $\Delta S_2 = -20\ J/K$. Determinare il lavoro compiuto dal gas durante il ciclo.

Strategia-Soluzione

Essendo il lavoro compiuto dal gas uguale alla differenza tra calore assorbito e calore ceduto, nelle due isoterme, occorrerà determinare Q_1 e Q_2. Inoltre trattandosi di un ciclo di Carnot le variazioni di entropia nelle due isoterme sono uguali in

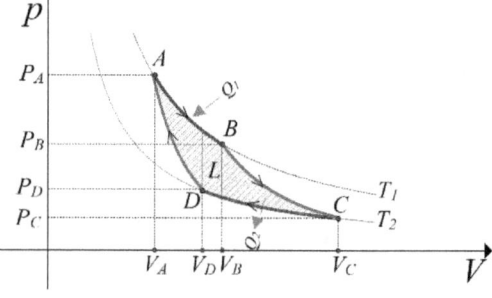

Figura 84

modulo, pertanto utilizzando la definizione di entropia si potrà determinare le quantità di calore scambiate.

Indicando con ΔS_1 la variazione di entropia nella isoterma T_1, risulta:

$$\Delta S_1 = -\Delta S_2 \tag{1}$$

ed essendo

$$\Delta S = \frac{Q}{T} \tag{2}$$

si avrà:

$$Q_2 = \Delta S_2 \cdot T_2 \qquad e \qquad Q_1 = \Delta S_1 \cdot T_1 \tag{3}$$

Dalla (1) se ne deduce che:

$$Q_1 = -\Delta S_2 \cdot T_1 \tag{4}$$

Pertanto il lavoro cercato sarà dato da:

$$L = Q_1 - Q_2 = -\Delta S_2 \cdot T_1 - \Delta S_2 \cdot T_2 = -\Delta S_2 (T_1 - T_2) \tag{5}$$

$$L = -\left(-20 \frac{J}{K}\right) 50K = 1000J \tag{6}$$

30. Un cilindro a pareti adiabatiche chiuso superiormente da un pistone mobile, anch'esso adiabatico, contiene 100 moli di un gas perfetto monoatomico. All'interno del cilindro, poggiato sul fondo, vi è un blocco di ferro di $M{=}4kg$, il cui calore specifico vale $C_{Fe}{=}0{,}45$ J/gK. Nell'ipotesi di compressione reversibile calcolare il rapporto tra volume iniziale e finale del gas affinché la temperatura finale del blocco di Fe sia doppia di quella iniziale. (*Si consideri il blocchetto di Ferro ideale, ovvero assimilabile ad un corpo rigido con un calore specifico costante al variare della temperatura*).

Strategia-Soluzione

Essendo un sistema adiabatico con compressione che avviene reversibilmente, dovrà risultare che la variazione dell'entropia del sistema (gas + blocco) ΔS_s è uguale a zero, pertanto determinando le due variazioni sarà possibile rispondere alla richiesta del problema.

La variazione dell'entropia del sistema è data da:

$$\Delta S_s = \Delta S_{gas} + \Delta S_{Blocco} = 0 \tag{1}$$

La variazione dell'entropia del gas, sarà data dalla (51)

$$\Delta S_{gas} = nC_V \ln \frac{T_f}{T_i} + nR \ln \frac{V_f}{V_i} = nR \left(\frac{3}{2} \ln 2 + \ln \frac{V_f}{V_i}\right) \tag{2}$$

Per la variazione dell'entropia del blocco si ricorrerà al differenziale:

$$dS_{Blocco} = \frac{dQ}{T} \tag{3}$$

ed essendo

$$dQ = c_s M dT \quad \Rightarrow \quad dS_{Blocco} = c_s M \frac{dT}{T} \tag{4}$$

integrando i due membri si ha:

$$\int_i^f dS_{Blocco} = \int_{T_i}^{T_f} c_s M \frac{dT}{T} \quad \Rightarrow \quad \Delta S_{Blocco} = c_s M \ln \frac{T_f}{T_i} \tag{5}$$

Sostituendo nella (1) e tenuto conto che $T_f = 2T_i$ si ha:

$$nR \left(\frac{3}{2} \ln 2 + \ln \frac{V_f}{V_i} \right) + c_s M \ln 2 = 0 \tag{6}$$

da cui

$$\ln \frac{V_f}{V_i} = -\frac{c_s M \ln 2}{nR} - \frac{3}{2} \ln 2 = -2,54 \quad \Rightarrow \quad \frac{V_i}{V_f} = \frac{1}{e^{-2,54}} \cong 12,7 \tag{7}$$

31. Un recipiente adiabatico contiene un pistone diatermico[30]. Inizialmente il pistone è bloccato in maniera tale da dividere il recipiente in due parti A e B di ugual volume ($V_A = V_B = 1 \, dm^3$) contenenti lo stesso tipo di gas perfetto alla temperatura $T = 300K$. Inizialmente la pressione del gas nelle due parti è differente e rispettivamente pari a $p_A = 1,5 \, atm$ e $p_B = 2,5 \, atm$. Se si sblocca il pistone, da considerarsi idealmente privo di massa, il sistema raggiunge un nuovo stato di equilibrio. Determinare:
   a) I valori finali di temperatura e pressione;
   b) La variazione di entropia del sistema.

(Uniroma1- Piacentini-Rossi, 2009)

Strategia-Soluzione

Essendo un recipiente adiabatico esso non scambia calore con l'esterno ma solo tra i due comparti, inoltre il lavoro è nullo, pertanto per il primo principio della termodinamica, non ci sarà variazione di energia interna. Questo porta a

---

[30] In termodinamica, l'involucro diatermico è una superficie non adiabatica, e quindi permeabile al calore, che racchiude un sistema termodinamico in equilibrio (da vocab. Treccani).

concludere che la temperatura iniziale e finale sia la stessa, pertanto è possibile affrontare il quesito con la legge generale dei gas perfetti nelle condizioni di A e B. Il secondo quesito può essere affrontato determinando le variazioni di entropia per A e B che sono regolate da trasformazioni isoterme.

a) Come evidenziato si ha:

$$Q = 0 \quad L = 0 \quad \Rightarrow \quad \Delta U = 0 \quad \Rightarrow \quad T_f = T_i = T \tag{1}$$

Condizione iniziale per A e B

$$p_A V_A = n_A RT \quad V_A = \frac{V}{2} \quad \Rightarrow \quad n_A = \frac{p_A V_A}{RT} = \frac{p_A V}{2RT} \tag{2}$$

$$p_B V_B = n_B RT \quad V_B = \frac{V}{2} \quad \Rightarrow \quad n_B = \frac{p_B V_B}{RT} = \frac{p_B V}{2RT} \tag{3}$$

Condizione finale per A e B

è che la pressione finale sia uguale per entrambi in quanto, come da testo, sono in equilibrio

$$p_f V'_A = n_A RT = \frac{p_A V}{2\cancel{RT}} \cancel{RT} = \frac{p_A V}{2} \tag{4}$$

$$p_f V'_B = n_B RT = \frac{p_B V}{2\cancel{RT}} \cancel{RT} = \frac{p_B V}{2} \tag{5}$$

Sommando membro a membro la (4) e la (5) si ha:

$$p_f(V'_A + V'_B) = \frac{1}{2} V(p_A + p_B) \tag{6}$$

Ma $V'_A + V'_B = V$ quindi la (6) diventa:

$$p_f = \frac{(p_A + p_B)}{2} = \frac{(1,5 + 2,5)atm}{2} = 2 \, atm \tag{7}$$

b) Il calcolo della variazione di entropia per le due trasformazioni di A e B isoterme è dato dalla relazione (57) del punto 3.2.6

$$\Delta S = S_f - S_i = nR \ln \frac{V_f}{V_i} = nR \ln \frac{p_f}{p_i} \tag{8}$$

inoltre tenuto conto della (2) e (3) la (8) sarà:

$$\Delta S = \Delta S_A + \Delta S_B = \frac{p_A V}{2T} \ln\left(\frac{V'_A}{V_A}\right) + \frac{p_B V}{2T} \ln\left(\frac{V'_B}{V_A}\right) =$$

$$= \frac{V}{2T}\left[p_A \ln\left(\frac{p_A}{p_f}\right) + p_B \ln\left(\frac{p_B}{p_f}\right)\right] =$$

$$= \frac{2 \cdot 10^{-3}m^3 \cdot 10^5 Pa}{2 \cdot 300K}\left[1,5 \cdot ln\left(\frac{1,5}{2}\right) + 2,5 \cdot ln\left(\frac{2,5}{2}\right)\right] \cong 4,2 \cdot 10^{-3} J/K \qquad (9)$$

32. Due moli di gas perfetto monoatomico sono contenute in un recipiente munito di un pistone. Partendo da uno stato iniziale A in cui il gas è in equilibrio a pressione atmosferica con una sorgente ad una temperatura T_A il gas viene sottoposto a due trasformazioni consecutive:

  a) $(A \rightarrow B)$ espansione isoterma reversibile fino ad uno stato B in cui il volume è il doppio di quello iniziale;

  b) $(B \rightarrow C)$ il recipiente viene isolato termicamente e mediante un'azione esterna (da considerarsi pressoché istantanea) che triplica la pressione cui è sottoposto il gas, il volume viene riportato al valore che aveva inizialmente nello stato A.

Calcolare la variazione di entropia della sorgente e quella del gas tra stato iniziale e quello finale.

Strategia-Soluzione

Occorre fare delle considerazioni per quanto riguarda la variazione dell'entropia della sorgente in particolare per la trasformazione BC, da considerarsi istantanea ed isolata termicamente. Va considerato il solo calore ceduto nella isoterma AB e alla temperatura T_A. Per quanto riguarda la variazione entropica del gas può essere determinata dalla relazione (51) del punto 3.2.6 di questo capitolo.

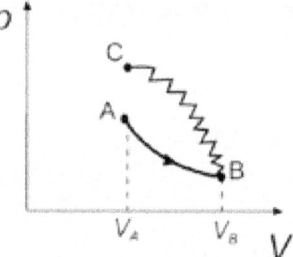

Figura 85

<u>Calcolo della variazione entropica della sorgente</u>

$$\Delta S_{sorg} = \frac{Q_{AB}}{T_A} \qquad (1)$$

Per il primo principio della termodinamica risulta:

$$Q_{AB} = L_{AB} = nRT_A \ln\frac{V_B}{V_A} \qquad (2)$$

pertanto la (1) diventa:

148

$$\Delta S_{sorg} = \frac{-nR\cancel{T_A}\ln\frac{V_B}{V_A}}{\cancel{T_A}} = -nR\ln\frac{2V_A}{V_A} = -2mol \cdot 8{,}31\frac{J}{mol \cdot K}\ln 2 \cong -11{,}52\,J/K \quad (3)$$

Calcolo della variazione entropica del gas

La relazione (51), citata per le trasformazioni in oggetto, si può scrivere:

$$\Delta S_{gas} = S_f - S_i = nR\ln\frac{V_C}{V_A} + nC_V\ln\frac{T_C}{T_A} \quad (4)$$

Il primo termine della (4) è nullo essendo i volumi uguali e il logaritmo di 1 è zero per cui la (4) diventa:

$$\Delta S_{gas} = nC_V\ln\frac{T_C}{T_A} \quad (4')$$

Occorrerà determinare T_C, o meglio il rapporto T_C/T_A. Si utilizzerà la legge generale dei gas perfetti che per i tre punti risulta:

$$\begin{cases} p_A V_A = nRT_A \\ p_B V_B = nRT_B \\ p_C V_C = nRT_C \end{cases} \quad (5)$$

Dividendo membro a membro il terzo delle (5) per il primo si ha:

$$\frac{p_C}{p_A} = \frac{T_C}{T_A} \quad (6)$$

Dividendo il secondo delle (5) per il primo si ha:

$$\frac{p_B 2\cancel{V_A}}{p_A \cancel{V_A}} = \frac{T_B}{T_A} = 1 \implies p_A = 2p_B \quad (7)$$

Inoltre:

$$p_C = 3p_B \quad (8)$$

Sostituendo la (7) e la (8) nella (6) si ha:

$$\frac{3p_B}{2p_B} = \frac{T_C}{T_A} = \frac{3}{2} \quad (9)$$

Pertanto la (4') diventa:

$$\Delta S_{gas} = nC_V \ln\frac{3}{2} = 2mol\frac{3}{2} \cdot 8{,}31\frac{J}{mol \cdot K}\ln 1{,}5 \cong 10{,}11\frac{J}{K}$$

33. Una macchina frigorifera lavora scambiando calore con l'ambiente esterno che si può considerare una sorgente ideale (T_{amb} = 300 K). Calcolare il lavoro minimo necessario per solidificare una massa m = 1 kg di acqua inizialmente alla stessa temperatura dell'ambiente esterno. [calore latente di fusione dell'acqua: L_f= 334 j/g = 80 cal/g]
(Uniroma1- Piacentini-Rossi, 2009)

Strategia-Soluzione

Il lavoro minimo si ha in condizioni di reversibilità. Si potrebbe impostare il problema dalla relazione che lega la variazione di entropia al calore scambiato, il lavoro minimo (in modulo) e la temperatura ambiente esterno e che in condizioni di reversibilità la variazione totale dell'entropia, uguale alla somma di quella dell'acqua e dell'ambiente, è nulla.

$$\Delta S_{Univ} = \Delta S_{acqua} + \Delta S_{amb} = 0 \quad \Longrightarrow \quad \Delta S_{amb} = -\Delta S_{acqua} \qquad (1)$$

$$\Delta S_{amb} = \frac{Q + |L|}{T_{amb}} \qquad (2)$$

Risolvendo rispetto ad L

$$|L| = \Delta S_{amb}T_{amb} - Q = -\Delta S_{acqua}\, T_{amb} - Q \qquad (3)$$

Essendo Q dato da:

$$Q = mc(T_{amb} - T_0) + mL_f \qquad (4)$$

la variazione di entropia dell'acqua sarà:

$$\Delta S_{acqua} = mc \cdot \ln\frac{T_0}{T_{amb}} - \frac{mL_f}{T_0} \qquad (5)$$

Sostituendo nella (3) la (4) e la (5) si ha:

$$|L| = -\left(mc \cdot \ln\frac{T_0}{T_{amb}} - \frac{mL_f}{T_0}\right) T_{amb} - mc(T_{amb} - T_0) - mL_f \qquad (6)$$

$$|L| = -\left(1kg \cdot 4186 \frac{J}{kg} \ln \frac{273K}{300K} - 1kg \cdot \frac{334 \frac{kJ}{kg}}{273K} \right) 300K +$$

$$-1kg \cdot 4186 \frac{J}{kg} 27K - 1kg \cdot 334 \frac{kJ}{kg} \cong 38{,}45kJ \qquad (7)$$

34. Un condizionatore assorbe una quantità di energia L_0=360 kJ in un'ora compiendo n=100 *cicli/min*. Sapendo che la temperatura esterna alla stanza condizionata (sorgente calda) è Te=30°C e che l'efficienza frigorifera della macchina (rapporto tra il calore che la macchina assorbe dalla sorgente fredda e il lavoro fornito alla macchina dall'esterno) è pari a ε=3, calcolare la variazione di entropia dell'ambiente esterno dopo 5 h di funzionamento del condizionatore.
(Uniroma1-Rossi-Zollo, 2005)

Strategia-Soluzione

La variazione di entropia richiesta dal quesito è data dal rapporto tra la quantità di calore ceduto all'ambiente esterno e la temperatura a cui avviene (30°C=303K). Occorrerà principalmente determinare proprio questa quantità di calore ceduto. Ponendo Q_2 come calore assorbito dalla sorgente fredda, la relazione che ci dà l'efficienza frigorifera è data dalla (45) del punto 3.2.5.4, considerando il lavoro in modulo:

$$\varepsilon = \frac{Q_2}{L} \qquad (1)$$

Bisogna pertanto determinare il calore fornito all'ambiente esterno per ogni ciclo; se lo indichiamo con Q_1 si potrà scrivere la relazione:

$$Q_1 = Q_2 + L = \varepsilon L + L = L(\varepsilon + 1) \qquad (2)$$

e il lavoro che la macchina assorbe in ogni ciclo è dato da:

$$L = \frac{L_0}{60 \frac{min}{h} \cdot 100 \frac{cicli}{min}} = \frac{360 \frac{kJ}{h}}{6000 \frac{cicli}{h}} = 0{,}06 \frac{kJ}{cicli} = 60 \frac{J}{cicli} \qquad (3)$$

Sostituendo la (3) nella (2) si ha:

$$Q_1 = L(\varepsilon + 1) = 60(3 + 1) = 240 J/cicli \qquad (4)$$

Il calore fornito all'ambiente esterno per ogni ora di funzionamento è

$$Q_{1h} = 240 \frac{J}{cicli} 60 \frac{min}{h} \cdot 100 \frac{cicli}{min} = 1440 \frac{kJ}{h} \qquad (5)$$

Riferito alle 5 h di funzionamento richiesto, abbiamo:

$$Q_{est} = 5\,h \cdot 1440 \frac{kJ}{h} = 7200\,kJ \qquad (6)$$

La variazione di entropia richiesta sarà:

$$\Delta S_{est} = \frac{Q_{est}}{T_e} = \frac{7200 kJ}{303 K} \cong 23,76 \frac{kJ}{K} \qquad (7)$$

CAPITOLO 4

ALCUNI TEST E QUESITI NOTEVOLI

4. ALCUNI TEST E QUESITI NOTEVOLI

4.1. Termometria e calorimetria

1. Se fornisci 600 kJ di calore a 600 g d'acqua a 60 $°C$, quanta acqua rimane nel contenitore? Il calore latente di vaporizzazione dell'acqua è 22,6 $\cdot 10^5$ J/kg.

    [1] 379 g [3] 600 g

    [2] 258 g [4] Niente

2. Un termometro a gas a volume costante è usato per misurare la temperatura di un oggetto. Quando il termometro è in contatto con l'acqua al punto triplo (273,16 K) la pressione nel termometro è 8,500 $\cdot$ 10^4 Pa. Quando è in contatto con l'oggetto la pressione è 9,650 $\cdot 10^4$ Pa. La temperatura dell'oggetto è:

    [1] 37,0 K   [4] 314 K

    [2] 241 K   [5] 2020 K

    [3] 310 K

3. Il coefficiente di dilatazione lineare del ferro è 10^{-5} per $°C$. Di quanto aumenterà il volume di un cubo di ferro, di lato 5 cm, se è riscaldato da 10 $°C$ a 60 $°C$?

    [1] 0,00375 cm^3.   [4] 0,00125 cm^3.

    [2] 0,1875 cm^3.   [5] 0,0625 cm^3.

    [3] 0,0225 cm^3.

Sviluppo

1. La quantità di calore Q_1 porta la massa d'acqua al punto di evaporazione (100°C), la restante farà evaporare una o tutta l'acqua.

$$Q_1 = C_s m \Delta T = 4186 \frac{J}{kgK} 0,6kg \cdot 40K \cong 100,5kJ$$

La parte che evaporerà sarà:

$$m = \frac{\Delta Q}{Q_v} = \frac{(600 - 100,5) \cdot 10^3 J}{22,6 \cdot 10^5 \frac{kJ}{kg}} = 0,221kg$$

Resta una quantità pari a:

$$\Delta m = (0,6 - 0,221)kg = 0,379kg = 379g$$

2. Dal grafico pressione-temperatura, rappresentato da una retta in Figura 86, indicando con x l'ascissa del punto che ha per ordinata la pressione $9,650 \cdot 10^4$ Pa, e ricorrendo ad una semplice proporzione si ricava quanto richiesto:

$$P_1 : 273,16 = \Delta P : x$$

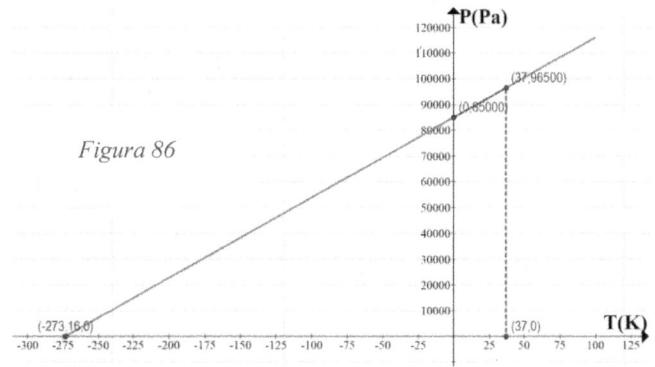

Figura 86

$$x = \frac{(P_2 - P_1)273,16K}{P_1} = \frac{(9,650 - 8,500) \cdot 10^4 Pa \cdot 273,16K}{8,500 \cdot 10^4 Pa} \cong 37\ K$$

3. Si ricorre alla relazione (5) del punto 1.2.1 (dilatazione volumetrica) in cui il coefficiente di dilatazione *beta* è circa 3λ.

155

$$\Delta V = V_0 \beta \, \Delta T$$

$$\Delta V = 5^3 cm^3 \cdot 3 \cdot 10^{-5} °C^{-1} \cdot 50°C = 0,1875 \ cm^3$$

4.2. Gas ideali, cinetica dei gas, passaggi di stato

1. I tuoi polmoni contengono 4,2 litri d'aria alla temperatura di 27 °C e alla pressione di 101,3 kPa. Quante moli d'aria contengono i tuoi polmoni?

    [1] 0,15 mol   [3] 0,19 mol
    [2] 0,17 mol   [4] 0,21 mol

2. Un recipiente contiene 6 g di idrogeno alla temperatura di 500 K e alla pressione p. Da un piccolo foro nel recipiente una parte del gas fuoriesce all'esterno. Quanto gas è fuoriuscito se, dopo un certo intervallo di tempo, la pressione nel recipiente si è dimezzata e la temperatura è scesa a 300 K?

    [1] 5 g   [3] 4 g
    [2] 3 g   [4] 1 g

3. Espandi isotermicamente 20 lt di un gas ideale monoatomico alla pressione di 100 kPa fino a raddoppiarne il volume. Calcola la pressione allo stato finale.

    [1] 31,5 kPa   [3] 200 kPa
    [2] 50 kPa   [4] 317 kPa

4. Calcola qual è il valore quadratico medio di queste velocità: 2,0 m/s; 3,0 m/s; 4,0 m/s.

    [1] 2,8 m/s   [3] 3,0 m/s
    [2] 2,9 m/s   [4] 3,1 m/s

5. Una massa di 4,25 kg di vapore acqueo alla temperatura di 240 °C viene raffreddata fino alla temperatura di -15°C. Quanto calore è stato sottratto e ceduto all'ambiente?

Sviluppo

1. Dalla legge dei gas perfetti si ha:

$$n = \frac{pV}{RT} = \frac{101,3 \cdot 10^3 Pa \cdot 4,2 \cdot 10^{-3} m^3}{8,31 \frac{J}{mol \cdot K} \cdot (27 + 273,15)K} \cong 0,17 mol$$

2. Si tratta di una trasformazione a volume costante e ricordando la relazione (15) del punto 2.2.1.4

$$n = \frac{m}{M}$$

La legge generale dei gas perfetti, nei punti iniziale e finale, si potrà scrivere:

$$P_0 V_0 = \frac{m_0}{M} RT_0 \qquad \frac{P_0}{2} V_0 = \frac{m}{M} RT$$

$$2\frac{m}{M}RT = \frac{m_0}{M}RT_0 \quad \Rightarrow \quad m = m_0 \frac{T_0}{2T} = 6g \frac{500K}{2 \cdot 300K} \cong 5g$$

Per cui il gas fuoriuscito è dato dalla differenza

$$\Delta m = 6g - 5g = 1g$$

3. Si tratta di una trasformazione isotermica di cui si conoscono pressione e volume iniziale, nonché il volume finale, pertanto è possibile applicare la legge di Boyle:

$$P_i \cdot V_i = P_f V_f \qquad \Rightarrow \quad P_f = \frac{P_i \cdot V_i}{V_f} = \frac{100kPa \cdot 20lt}{40lt} = 50\ kPa$$

4. La velocità quadratica media è data dalla relazione:

$$v_{qm} = \sqrt{\frac{v_1^2 + v_2^2 + v_3^2}{3}} = \sqrt{\frac{4 + 9 + 16}{3}} \cong 3,1\ m/s$$

5. Il vapore raffreddandosi prima di arrivare alla temperatura finale subisce due passaggi di stato; passa prima allo stato liquido e successivamente allo stato solido, nonché tre raffreddamenti, come mostrato in Figura 87, pertanto per rispondere al quesito, occorrerà fare il bilancio termico dell'intero passaggio delle cinque quantità di calore da scambiare, calcolando:

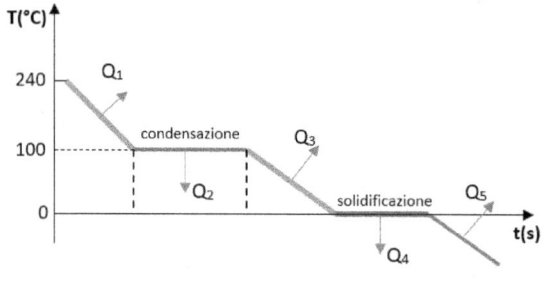

Figura 87

a) Il calore necessario per portare il vapore dalla temperatura di $240°C$ a $100°C$;
b) Il calore da sottrarre per il primo passaggio di stato, la condensazione;
c) Il calore da sottrarre per portare l'acqua alla temperatura di $0°C$;
d) Il calore da sottrarre per il secondo passaggio di stato, la solidificazione;
e) Il calore per portare il ghiaccio alla temperatura di $-15°C$.

a) $Q_1 = C_{sv} m\Delta T_1 = 2010 \frac{J}{kg°C} 4{,}25 kg \cdot (100 - 240)°C \cong 1{,}20 \cdot 10^6 J$

b) $Q_2 = L_V m = -2260 \frac{kJ}{kg} \cdot 4{,}25 kg \cong -9{,}60 \cdot 10^6 J$

c) $Q_3 = C_{sa} m\Delta T_2 = 4186 \frac{J}{kg°C} 4{,}25 kg \cdot (0 - 100)°C \cong -1{,}78 \cdot 10^6 J$

d) $Q_4 = L_f m = -334 \cdot 10^3 \frac{J}{Kg} \cdot 4{,}25 \, Kg \cong -1{,}42 \cdot 10^6 J$

e) $Q_5 = C_{sa} m\Delta T_3 = 2090 \frac{J}{kg°C} 4{,}25 kg \cdot (-15 - 0)°C \cong -0{,}13 J$

$$Q_{tot} = -(1{,}20 + 9{,}60 + 1{,}78 + 1{,}42 + 0{,}13) \cdot 10^6 J \cong -14{,}1 \cdot 10^6 J$$

4.3. Leggi della termodinamica

1. Un gas si espande dal suo volume iniziale di 30 *l* al volume finale di 65 *l* alla pressione costante di 110 *kPa*. Calcola il lavoro fatto dal gas.
    [1] 3,85 *kJ*   [3] 3850 *kJ*
    [2] 10,4 *kJ*   [4] 10,4 *MJ*

2. 3 moli di un gas si espandono da un volume iniziale di 0,040 m^3 a un volume finale di 0,085 m^3 mentre la temperatura rimane costante a 300 *K*. Calcola il lavoro compiuto dal sistema.
    [1] 5,6 *KJ*   [3] 7,6 *KJ*
    [2] 6,6 *KJ*   [4] 8,6 *KJ*

3. Un gas ideale monoatomico, con una pressione iniziale di 650 *kPa* e un volume iniziale di 2,1 *lt*, si espande isotermicamente fino alla pressione finale di 350 *kPa*. Calcola il calore acquistato dal gas durante questa trasformazione.
    [1] 483*J*   [3] 845 *J*
    [2] 600 *J*   [4] 1370 *J*

4. Una macchina reversibile che opera tra le temperature di 500 *K* e 300 *K* ha lo stesso rendimento di una macchina che opera tra 400 *K* e quale altra temperatura più bassa?
    [1] 200 *K*   [3] 240 *K*
    [2] 220 *K*   [4] 260 *K*

5. Una macchina irreversibile che lavora tra le temperature 550 *K* e 300 *K* sottrae 1200 *J* di calore dal serbatoio caldo e produce 450 *J* di lavoro. Quanta entropia è stata creata in questo processo?
    [1] 0,32 *J/K*   [3] 0,44 *J/K*
    [2] 0,68 *J/K*   [4] 0,73 *J/K*

159

Sviluppo

1. Essendo una trasformazione a pressione costante il lavoro sarà dato da:
$$L = p(\Delta V) = 110 \cdot 10^3 Pa \cdot (65 - 30)10^{-3}m^3 \cong 3,85kJ$$

2. Si tratta di un'isoterma, per cui il lavoro sarà dato da:
$$L = Q = nRT \cdot \ln\left(\frac{V_f}{V_i}\right)$$

$$L = 3mol \cdot 8,31\frac{j}{mol \cdot K}300K \cdot \ln\left(\frac{0,085}{0,04}\right) \cong 5,6kJ$$

3. Essendo una trasformazione isoterma la prima legge della termodinamica si potrà scrivere come
$$Q = L + \cancel{\Delta U} = L = nRT \cdot \ln\left(\frac{V_f}{V_i}\right)$$

Inoltre applicando la legge dei gas perfetti si ha:
$$Q = \cancel{nR} \left(\frac{P_i \cdot V_i}{\cancel{nR}}\right) \cdot \ln\left(\frac{P_i}{P_f}\right) =$$

$$= 650 \cdot 10^3 Pa \cdot 2,1 \cdot 10^{-3}m^3 \cdot \ln\frac{650\cancel{kPa}}{350\cancel{kpa}} \cong 845\,J$$

4. Ricordando il teorema di Carnot, relazione (53) del punto 3.2.5.3, indicando con 1 e 2 le temperature di lavoro della macchina, si può scrivere:
$$\cancel{1} - \frac{T_2}{T_1} = \cancel{1} - \frac{X}{T'_1} \quad \Rightarrow \quad X = \frac{T_2}{T_1}T'_1 = \frac{300K}{500K}400K = 240K$$

5. Si chiede l'entropia creata nel processo, facendo riferimento alla Figura 88 e al capitolo 3 punto 3.2.6, ricordando inoltre i segni del calore, ceduto o assorbito, e che la variazione di entropia è data dalla relazione:

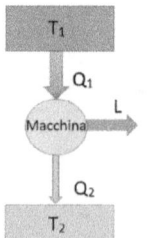

$$\Delta S = \frac{Q}{T}$$

Figura 88

il valore cercato sarà dato da: $\Delta S = \Delta S_{550} + \Delta S_{300}$

valori riferiti alle temperature T_1 e T_2

$$\Delta S_{550} = \frac{-Q_1}{T_1} = -\frac{1200J}{550K} \cong -2{,}18\,J/K$$

$$\Delta S_{300} = \frac{Q_2}{T_2} = \frac{Q_1 - L}{T_2} = \frac{1200J - 450J}{300K} \cong 2{,}50\,J/K$$

$$\Delta S = (-2{,}18 + 2{,}50)\frac{J}{K} = 0{,}32\,\frac{J}{K}$$

APPENDICI

Appendice A

Richiami di matematica - **Trigonometria**

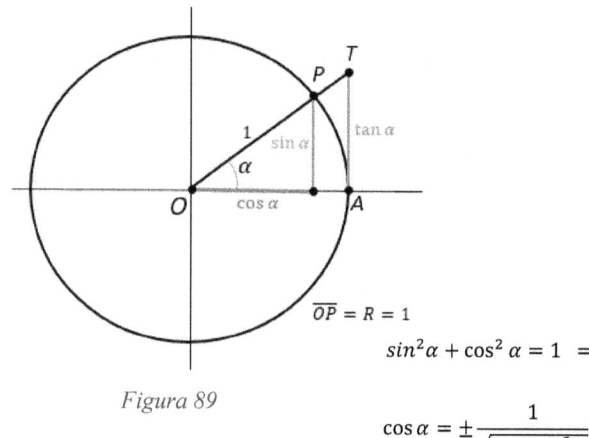

$$\overline{OP} = R = 1$$

$$sin^2\alpha + \cos^2\alpha = 1 \implies \begin{cases} \sin\alpha = \pm\sqrt{1-\cos^2\alpha} \\ \cos\alpha = \pm\sqrt{1-\sin^2\alpha} \end{cases}$$

Figura 89

$$\cos\alpha = \pm\frac{1}{\sqrt{1+tan^2\,\alpha}} \qquad sin\,\alpha = \pm\frac{tan^2\,\alpha}{\sqrt{1+tan^2\,\alpha}}$$

<u>Alcuni valori notevoli</u>

$$tan\,\alpha = \frac{sin\,\alpha}{cos\,\alpha} \qquad cot\,\alpha = \frac{cos\,\alpha}{sin\,\alpha}$$

Angolo (°)	Angolo (rad)	sin	cos	Tan	cot
0	0	0	1	0	∞
30	$\dfrac{\pi}{6}$	$\dfrac{1}{2}$	$\dfrac{\sqrt{3}}{2}$	$\dfrac{\sqrt{3}}{3}$	$\sqrt{3}$
45	$\dfrac{\pi}{4}$	$\dfrac{\sqrt{2}}{2}$	$\dfrac{\sqrt{2}}{2}$	1	1
60	$\dfrac{\pi}{3}$	$\dfrac{\sqrt{3}}{2}$	$\dfrac{1}{2}$	$\dfrac{\sqrt{3}}{3}$	$\dfrac{\sqrt{3}}{3}$
90	$\dfrac{\pi}{2}$	1	0	∞	0

Formule di addizione	Formule di duplicazione
$\cos(\alpha - \beta) = \cos\alpha\,\cos\beta + \sin\alpha\sin\beta$	$\sin 2\alpha = 2\sin\alpha\,\cos\alpha$
$\cos\,(\alpha + \beta) = \cos\alpha\cos\beta - \sin\alpha\sin\beta$	$\cos 2\alpha = \begin{cases} \cos^2\alpha - \sin^2\alpha \\ 2\cos^2\alpha - 1 \\ 1 - 2\sin^2\alpha \end{cases}$
$\sin(\alpha - \beta) = \sin\alpha\,\cos\beta - \sin\beta\cos\alpha$	
$\sin(\alpha + \beta) = \sin\alpha\,\cos\beta + \sin\beta\cos\alpha$	$\tan 2\alpha = \dfrac{2\,tan\alpha}{1 - tan^2\alpha}$
$\tan(\alpha - \beta) = \dfrac{\tan\alpha\, - \tan\beta}{1 + \tan\alpha\tan\beta}$	
$\tan(\alpha + \beta) = \dfrac{\tan\alpha\, + \tan\beta}{1 - \tan\alpha\tan\beta}$	

Formule di prostaferesi	Formule di bisezione
$\sin p + \sin q = 2\sin\dfrac{p+q}{2}\cos\dfrac{p-q}{2}$	$sen\,\dfrac{\alpha}{2} = \pm\sqrt{\dfrac{1 - \cos\alpha}{2}}$
$\sin p - \sin q = 2\sin\dfrac{p-q}{2}\cos\dfrac{p+q}{2}$	
$\cos p + \cos q = 2\cos\dfrac{p+q}{2}\cos\dfrac{p-q}{2}$	$cos\,\dfrac{\alpha}{2} = \sqrt{\dfrac{1 + \cos\alpha}{2}}$
$\cos p - \cos q = -2\sin\dfrac{p+q}{2}\sin\dfrac{p-q}{2}$	
	$tan\,\dfrac{\alpha}{2} = \begin{cases} \sqrt{\dfrac{1 - \cos\alpha}{1 + \cos\alpha}} \\ \dfrac{1 - \cos\alpha}{\sin\alpha} \\ \dfrac{\sin\alpha}{1 + \cos\alpha} \end{cases}$

	Formule di triplicazione
	$\sin 3\alpha = 3\sin\alpha - 4\sin^3\alpha$
	$\cos 3\alpha = 4\cos^3\alpha - 3\cos\alpha$

Triangoli	
rettangoli	**qualunque**
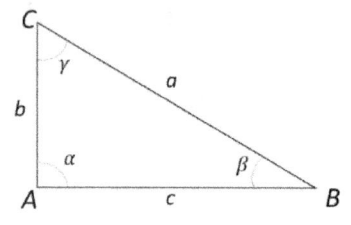 $$tan\,\beta = \frac{b}{c} \qquad tan\,\gamma = \frac{c}{b}$$ $$b = a\,\sin\beta = a\cos\gamma = c\,\tan\beta$$ $$a = \frac{b}{\sin\beta} = \frac{b}{\cos\gamma}$$ $$c = a\,\sin\gamma = a\cos\beta = b\,\tan\gamma$$ $$a = \frac{c}{\sin\gamma} = \frac{c}{\cos\beta}$$	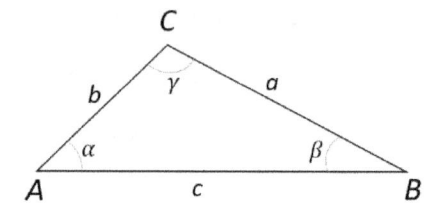 *teorema dei seni:* $$\frac{a}{\sin\alpha} = \frac{b}{\sin\beta} = \frac{c}{\sin\gamma}$$ *teorema di carnot:* $$a^2 = b^2 + c^2 - 2bc\,\cos\alpha$$ $$b^2 = a^2 + c^2 - 2ac\,\cos\beta$$ $$c^2 = a^2 + b^2 - 2ab\,\cos\gamma$$ $$Area = \begin{cases} \frac{1}{2}bc\,\sin\alpha \\ \frac{1}{2}ac\,\sin\beta \\ \frac{1}{2}ab\,\sin\gamma \end{cases}$$

Appendice B

Richiami di algebra vettoriale - **Prodotti di vettori**

Prodotto tra vettori

Esistono due modi per moltiplicare i vettori:
a) **prodotto scalare;**
b) **prodotto vettoriale.**

a) prodotto scalare

Si indica con (·), il risultato del prodotto scalare tra due vettori e uno scalare, cioè un numero. Esso, è dato dal prodotto dei moduli di ciascun vettore per il coseno dell'angolo compreso tra le direzioni dei due vettori.

$$\vec{a} \cdot \vec{b} = |\vec{a}||\vec{b}| \cos\theta$$

$$\theta = 0° \implies \vec{a} \cdot \vec{b} = |\vec{a}||\vec{b}|$$

$$\theta = 90° \implies \vec{a} \cdot \vec{b} = 0$$

$$\theta = 180° \implies \vec{a} \cdot \vec{b} = -|\vec{a}||\vec{b}|$$

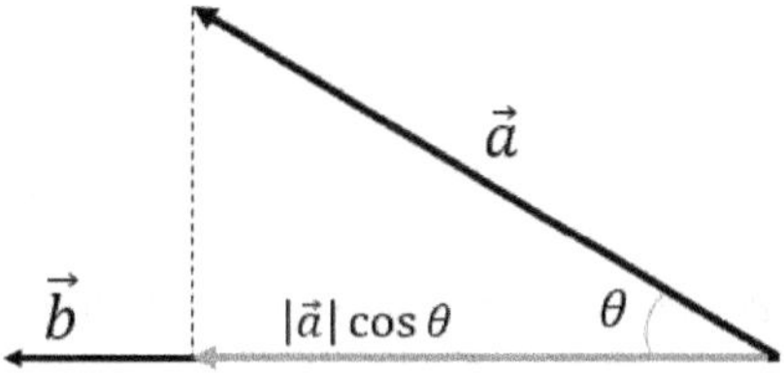

Figura 90

Proprietà del Prodotto scalare

Siano $\vec{i}, \vec{j}, \vec{k}$ i versori degli assi cartesiani x,y,z, e dati i vettori nello spazio:

$$\vec{a} = a_x\vec{i} + a_y\vec{j} + a_z\vec{k} \qquad \vec{b} = b_x\vec{i} + b_y\vec{j} + b_z\vec{k}$$

$$\vec{a} \cdot \vec{b} = \vec{b} \cdot \vec{a} = a_xb_x + a_yb_y + a_zb_z = |\vec{a}||\vec{b}| \cos\theta$$

Essendo i versori **ortogonali** fra di loro e con **modulo unitario** il loro prodotto scalare risulta:

$$\vec{i} \cdot \vec{i} = \vec{j} \cdot \vec{j} = \vec{k} \cdot \vec{k} = 1$$

$$\vec{i} \cdot \vec{j} = \vec{j} \cdot \vec{k} = \vec{k} \cdot \vec{i} = 0$$

b) prodotto vettoriale

Si indica con (x), il risultato del prodotto vettoriale tra due vettori, è un altro vettore, con direzione perpendicolare al piano formato da entrambi i due vettori. Il modulo del vettore risultante e uguale alla superficie S del parallelogramma formato dai due vettori

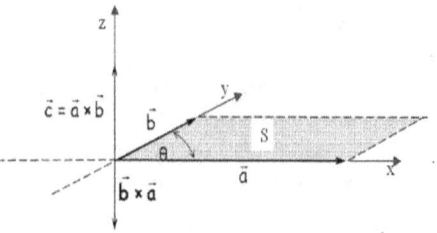

La superficie S di un parallelogramma e il prodotto della base **a** per l'altezza **h**, dove $h = b\ sin\ \theta$, è la proiezione di b sulla ortogonale ad a.

Figura 91

$$S = |\vec{a}|x\ h = |\vec{a}||\vec{b}| \cdot sin\ \theta$$
$$S = \vec{a}\,x\ \vec{b} = |\vec{a}||\vec{b}| \cdot sin\ \theta$$

$$\theta = 0° \implies \vec{a}\ x\ \vec{b} = 0$$
$$\theta = 90° \implies \vec{a}\ x\ \vec{b} = |\vec{a}||\vec{b}|$$
$$\theta = 180° \implies \vec{a}\ x\ \vec{b} = 0$$

Proprietà del Prodotto Vettoriale

Dati due vettori:

$$\vec{a} = a_x\vec{i} + a_y\vec{j} + a_z\vec{k} \qquad \vec{b} = b_x\vec{i} + b_y\vec{j} + b_z\vec{k}$$

Il prodotto vettoriale è dato da

$$\vec{a} \times \vec{b} = (a_x\vec{i} + a_y\vec{j} + a_z\vec{k}) \times (b_x\vec{i} + b_y\vec{j} + b_z\vec{k})$$
$$= (a_yb_z - a_zb_y)\vec{i} + (a_zb_x - a_xb_z)\vec{j} + (a_xb_y - a_yb_x)\vec{k}$$

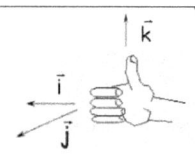

Figura 92

Essendo i versori **ortogonali** fra di loro e con **modulo unitario** il loro prodotto vettoriale risulta:

$$\vec{i} \times \vec{i} = 0, \vec{i} \times \vec{j} = \vec{k}, \vec{i} \times \vec{k} = -\vec{j}$$
$$\vec{j} \times \vec{i} = -\vec{k}, \vec{j} \times \vec{j} = 0, \vec{j} \times \vec{k} = \vec{i}$$

Vale la proprietà $\quad \vec{k} \times \vec{i} = \vec{j}, \vec{k} \times \vec{j} = -\vec{i}, \vec{k} \times \vec{k} = 0 \quad$ *distributiva*

$$\vec{a} \, x (\vec{b} + \vec{c}) = \vec{a} \, x \, \vec{b} + \vec{a} \, x \, \vec{c}$$

Il prodotto vettoriale è anti-commutativo

$$\vec{a} \, x \, \vec{b} = -\vec{b} \, x \, \vec{a} = \begin{vmatrix} \vec{\imath} & \vec{\jmath} & \vec{k} \\ a_x & a_y & a_z \\ b_x & b_y & b_z \end{vmatrix} =$$

$$= (a_y \, b_z - a_z b_y)\vec{\imath} + (a_z b_x - a_x b_z)\vec{\jmath} + (a_x \, b_y - a_y \, b_x) \, \vec{k}$$

Alcune Derivate e integrali indefiniti

funzione	derivata	integrale
$y = x$	$y' = 1$	$\int x \, dx = \dfrac{x^2}{2} + c$
$y = x^n$	$y' = nx^{n-1}$	$\int x^n dx = \dfrac{x^{n+1}}{n+1} + c$
$y = \sqrt[n]{x}$	$y' = \dfrac{1}{n\sqrt[n]{x}}$	$\int \sqrt[n]{x} dx = \dfrac{n}{n+1} \sqrt[n]{x^{n+1}} + c$
$y = \ln x$	$y' = \dfrac{1}{x}$	$\int \ln x \, dx = x(\ln x - 1) + c$
$y = \dfrac{1}{x}$	$y' = -\dfrac{1}{x^2}$	$\int \dfrac{1}{x} dx = \ln x + c$
$y = e^x$	$y' = e^x$	$\int e^x dx = e^x$
$y = kf(x)$	$y' = k \cdot f'(x)$	$\int kf(x)dx = k \int f(x)dx$
$y = f(x) + g(x)$	$y' = f'(x) + g'(x)$	$\int [f(x) + g(x)]dx$ $= \int f(x)dx + \int g(x)dx$
$y = f(x) \cdot g(x)$	$y' = f'(x)g(x) + f(x)g'(x)$	$\int [f(x)g(x)]dx$ $= f(x) \int g(x)dx -$ $+ \int \left(f'(x) \int g(x)dx \right) dx$
$y = \sin x$	$y' = \cos x$	$\int \sin x \, dx = -\cos x + c$
$y = \cos x$	$y' = -\sin x$	$\int \cos x \, dx = \sin x + c$
$y = \tan x$	$y' = \dfrac{1}{\cos^2 x}$	$\int \tan x \, dx = -\ln|\cos x| + c$

Appendice C

ALCUNE COSTANTI FONDAMENTALI DELLA FISICA

Costante	Simbolo	Valore
Velocità della luce	c	$3,00 \cdot 10^8 m/s$
Massa dell'elettrone	m_e	$9,108 \cdot 10^{-31} kg$
Massa del protone	m_p	$1,672 \cdot 10^{-27} kg$
Massa del neutrone	m_n	$1,674 \cdot 10^{-27} kg$
Unità di massa atomica	uma	$1,66 \cdot 10^{-27} kg$
Costante di gravitazione universale	G	$6,67 \cdot 10^{-11} Nm^2/kg^2$
Costante dei gas	R	8,31 J/Kmol
Numero di Avogadro	N_A	$6,022 \cdot 10^{23} mol^{-1}$
Costante di Coulomb	K	$8,99 \cdot 10^9 Nm^2/C^2$
Costante di Boltzmann	k	$1,38 \cdot 10^{-23} j/K$
Costante di Coulomb	K	$8,99 \cdot 10^9 Nm^2/C^2$
Costante dielettrica nel vuoto	ε_0	$8,85 \cdot 10^{-12} C^2/(Nm^2)$
Carica dell'elettrone	e	$1,60 \cdot 10^{-19} C$
Permeabilità magnetica nel vuoto	μ_0	$1,26 \cdot 10^{-6} Tm/A$
Accelerazione di gravità (sulla terra all'equatore)	g	$9,81 \ m/s^2$
DATI UTILI		
Massa della terra		$5,97 \cdot 10^{24} kg$
Massa della luna		$7,35 \cdot 10^{22} kg$
Massa del sole		$2,00 \cdot 10^{30} kg$
Raggio medio della terra		$6,37 \cdot 10^6 m$
Raggio medio della terra all'equatore		$6,37839 \cdot 10^6 m$
Raggio medio della terra ai poli		$6,35599 \cdot 10^6 m$
Raggio della luna		$1,74 \cdot 10^6 m$
Raggio medio del sole		$6,96 \cdot 10^8 m$
Distanza media tra luna -terra		$3,84 \cdot 10^5 km$
Distanza media tra Sole -terra		$1,50 \cdot 10^8 km$
Densità dell'aria (a 0 °C ed 1 atm)		$1,29 \ kg/m^3$
Densità dell'acqua (a 20 °C)		$1,00 \cdot 10^3 kg/m^3$
Velocità del suono nell'aria		$343 \ m/s$

BIBLIOGRAFIA

Caforio e Ferilli. 2000. *PHYSICA 2.* 6. s.l. : LE MONNIER, 2000. Vol. 2. ISBN 88-00-49367-X.

Cantelli, M. 1997. *FISICA- Realtà e modelli 3.* s.l. : CEDAM, 1997. ISBN 88-13-20030-7.

Dizionario Treccani.

Halliday, Resnik,. 1999. *Fondamenti di fisica 2.* [trad.] F.Toigo, G.Tornielli,I.Vendramin P.Pasti. Milano : Zanichelli Editore s.p.a., 1999. Vol. 2. 88-06772-6.

Halliday, Resnik, Walker e (2009), Fondamenti di fisica - Termologia. Rist. 2012. *Fondamenti di fisica - Termologia.* Terza. Bologna : Zanichelli editore spa, Rist. 2012. ISBN 978-88-08-13529-2.

Istituto Giovanni Treccani. *Dizionario Treccani.*

Moriani, et al. 2011. *Fenomeni e idee.* s.l. : F.lli Ferraro Editore, 2011.

Uniroma1- Piacentini-Rossi. 2009. prova d'esame di fisica generale -Ing. Mecc. *https://www.uniroma1.it/.* [Online] 2009.

Uniroma1-Rossi-Zollo. 2005. prova d'esame di fisica generale -Ing. Mecc. [Online] 2005.

Waker, James. 2016. *La fisica di Walker.* s.l. : linx-Pearson, 2016. ISBN 978-88-6364-8423.

Walker. 2010 V.2,. *Corso di fisica - V2 Termologia; onde; relatività.* [trad.] C. Massa e T. Vandelli. Quarta edizione. Milano : linx -Pearson Italia, 2010 V.2,. p. 470. Vol. 1. ISBN 978-88-6364-037-3.

web, Sito. https://www.bing.com/images. [Online]

www.ingramcontent.com/pod-product-compliance
Lightning Source LLC
Chambersburg PA
CBHW051521170526
45165CB00002B/553